21世纪新概念全能实战规划教材

HTML5+CSS3
网页设计与制作基础教程

邱雷◎编著

北京大学出版社

PEKING UNIVERSITY PRESS

内 容 简 介

HTML5 与 CSS3 是当下网页设计与制作的主要应用技术。本书以案例为引导，系统全面地讲解了 HTML5 与 CSS3 的相关功能与技能应用。

全书主要包括 3 个部分，第 1 部分讲解 HTML 基础知识、HTML 中的文字处理、HTML 中插入图像、HTML 中设置超链接、HTML 中的音频与视频、HTML 中的表格和表单；第 2 部分讲解了 CSS 基础知识、CSS 中的属性、CSS 表格和表单样式、使用Div+CSS布局网页；第 3 部分介绍综合案例。

全书内容安排由浅入深，语言通俗易懂，案例丰富多样，操作步骤清晰准确，特别适合广大院校及计算机培训学校作为相关专业的教材用书，同时也适合广大网页制作初学者、网站开发工作者作为学习参考用书。

图书在版编目(CIP)数据

HTML5+CSS3网页设计与制作基础教程 / 邱雷编著. — 北京：北京大学出版社，2024.5
ISBN 978-7-301-35028-7

Ⅰ.①H… Ⅱ.①邱… Ⅲ.①超文本标记语言－程序设计－教材 ②网页制作工具－教材 Ⅳ.①TP312.8 ②TP393.092.2

中国国家版本馆CIP数据核字（2024）第095491号

书　　　名	HTML5+CSS3网页设计与制作基础教程	
	HTML5+CSS3 WANGYE SHEJI YU ZHIZUO JICHU JIAOCHENG	
著作责任者	邱　雷　编著	
责 任 编 辑	王继伟　杨　爽	
标 准 书 号	ISBN 978-7-301-35028-7	
出 版 发 行	北京大学出版社	
地　　　址	北京市海淀区成府路205 号　100871	
网　　　址	http://www.pup.cn　　新浪微博：@ 北京大学出版社	
电 子 邮 箱	编辑部 pup7@pup.cn　　总编室 zpup@pup.cn	
电　　　话	邮购部 010-62752015　发行部 010-62750672　编辑部 010-62570390	
印 刷 者	山东百润本色印刷有限公司	
经 销 者	新华书店	
	787毫米×1092毫米　16开本　15印张　361千字	
	2024年5月第1版　2024年5月第1次印刷	
印　　　数	1-3000册	
定　　　价	69.00元	

Preface 前 言

目前，HTML5+CSS3技术已经成为网页设计与开发的主流技术，各大厂商纷纷推出支持HTML5的浏览器和应用程序，使互联网进入了一个崭新的时代。

本书内容介绍

本书以案例为引导，系统全面地讲解了HTML5与CSS3的相关功能与技能应用。

全书主要包括3个部分：第1部分讲解HTML基础知识、HTML中的文字处理、HTML中插入图像、HTML中设置超链接、HTML中的音频与视频、HTML中的表格和表单；第2部分讲解了CSS基础知识、CSS中的属性、CSS表格和表单样式、使用Div+CSS布局网页；第3部分介绍综合案例。

本书特色

由浅入深，易学易懂。 本书实例丰富多样，操作步骤清晰准确，特别适合广大院校及计算机培训学校作为相关专业的教材用书，同时也适合广大网页设计初学者、网站开发爱好者作为学习参考用书。

内容翔实，轻松易学。 采用"步骤讲述+配图说明"的方式进行编写，操作简单明了，浅显易懂。本书配有书中所有案例的素材文件与最终效果文件，同时还提供了同步多媒体教学视频，让读者能轻松学会HTML5+CSS3相关技能。

案例丰富，实用性强。 全书安排19个"课堂范例"，帮助初学者认识和掌握相关工具、命令的实战应用；10个"课堂问答"，帮助初学者解决学习过程中遇到的疑难问题；10个"上机实战"和10个"同步训练"综合案例，提升初学者的实战水平；除第11章外，每章都安排有"知识能力测试"，帮助初学者巩固所学知识（提示：相关习题答案可以从网盘下载，方法参见后文的介绍）。

本书知识结构

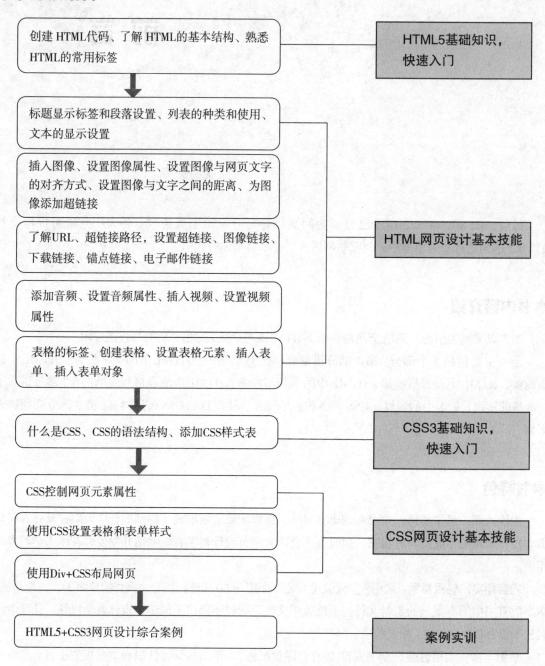

创建 HTML代码、了解 HTML的基本结构、熟悉 HTML的常用标签

HTML5基础知识，快速入门

标题显示标签和段落设置、列表的种类和使用、文本的显示设置

插入图像、设置图像属性、设置图像与网页文字的对齐方式、设置图像与文字之间的距离、为图像添加超链接

了解URL、超链接路径，设置超链接、图像链接、下载链接、锚点链接、电子邮件链接

HTML网页设计基本技能

添加音频、设置音频属性、插入视频、设置视频属性

表格的标签、创建表格、设置表格元素、插入表单、插入表单对象

什么是CSS、CSS的语法结构、添加CSS样式表

CSS3基础知识，快速入门

CSS控制网页元素属性

使用CSS设置表格和表单样式

CSS网页设计基本技能

使用Div+CSS布局网页

HTML5+CSS3网页设计综合案例

案例实训

教学课时安排

本书综合了HTML5+CSS3网页设计与制作的知识，现给出本书教学的参考课时（共 62 课时），主要包括教师讲授35 课时和学生上机实训27 课时两部分，具体如下表所示。

章节内容	课时分配	
	老师讲授	学生上机
第1章　HTML基础知识	1	1
第2章　HTML中的文字处理	2	2
第3章　HTML中插入图像	3	2
第4章　HTML中设置超链接	2	2
第5章　HTML中的音频与视频	3	2
第6章　HTML中的表格和表单	4	3
第7章　CSS基础知识	3	2
第8章　CSS中的属性	3	2
第9章　CSS表格和表单样式	4	3
第10章　使用Div+CSS布局网页	6	4
第11章　综合案例：设计与制作一个产品网站	4	4
合计	35	27

学习资源下载说明

1. 素材文件

提供书中所有章节实例的素材文件。读者可以参考书中讲解的内容，打开对应的素材文件进行同步操作练习。

2. 结果文件

提供书中所有章节实例的最终效果文件。读者可以打开结果文件，查看其实例效果，为自己的练习操作提供参考。

3. 视频教程

提供与书同步的视频教程，每个视频都有语音讲解，非常适合无基础的读者学习。

4. PPT课件

提供PPT教学课件。教师选择该书作为教材，将无须制作教学课件，十分方便。

5. 习题及答案

提供每章中"知识能力测试"模块的参考答案，以及附录中"知识与能力总复习题"的参考答案。

温馨提示：以上资源，请用微信扫描下方二维码关注微信公众号，输入本书第 77 页的资源下载码，获取下载地址及密码。

创作者说

本书由凤凰高新教育策划，由重庆工程职业技术学院邱雷老师编写。在本书的编写过程中，我们竭尽所能地为您呈现最好、最全的实用功能，但仍难免有疏漏和不妥之处，敬请广大读者不吝指正。若您在学习过程中产生疑问或有任何建议，可以通过 E-mail 与我们联系。读者信箱：2751801073@qq.com

CONTENTS 目录

HTML5+CSS3

HTML 全称为 Hyper Text Markup Language，表示超文本标记语言。HTML 文件是一个包含标记的文本文件。用 HTML 编写的超文本文档称为 HTML 文档，它能独立于各种操作系统平台。本章主要介绍 HTML 的基础知识，读者通过对本章内容的学习，可以了解 HTML 的基本结构，学会创建 HTML 文件，熟悉常用的标签。

1.1 HTML 简介

本节主要介绍HTML的相关概念及入门基础知识。

1.1.1 什么是HTML

HTML 的全称为 Hyper Text Markup Language，表示超文本标记语言。所谓超文本，是指 HTML 可以加入图片、声音、动画、影视等内容，并可以从一个文件跳转到另一个文件。通常在访问一个网页时，网页所在的服务器将用户请求的网页以 HTML 标签的形式发送到用户端，用户端的浏览器接收 HTML 代码，使用自带的解释器解释并执行 HTML 标签，然后将执行结果以网页的形式展示给用户。

HTML 标签是被客户端的浏览器解读并显示的，所以是完全公开的。在浏览器中右击，在弹出的菜单中选择"查看网页源代码"命令，如图 1-1 所示，在文件中即可看到当前网页的 HTML 代码，如图 1-2 所示。

图 1-1 选择"查看网页源代码"命令

图 1-2 查看代码

1.1.2 如何创建 HTML 文件

HTML 文件其实可以用一个简单的文本编辑器来创建。在 Windows 操作系统下，创建一个 HTML 文件的步骤如下。

步骤 01 单击"开始"按钮，在开始菜单中执行"程序>附件>记事本"命令，如图 1-3 所示，打开"记事本"文件。

步骤 02 在"记事本"中输入以下 HTML 代码，如图 1-4 所示。

```
<html>
  <head>
    <title>网页标题</title>
  </head>
```

```
<body>
    网页设计从这里起步
</body>
</html>
```

图 1-3　打开记事本

图 1-4　输入代码

步骤 03　在"记事本"文件中执行"文件>另存为"命令，打开"另存为"对话框，在"保存类型"下拉列表中选择"所有文件"选项，然后在"文件名"文本框中输入文件名及扩展名（如创建 HTML 代码 .html），最后设置保存路径，如图 1-5 所示。

步骤 04　打开该文件所在的目录，可以看到文件的图标已经变成了一个 HTML 文件，如图 1-6 所示。

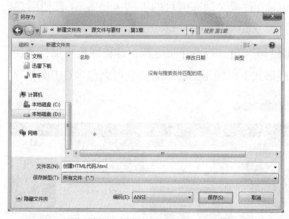

图 1-5　保存文件

图 1-6　打开文件所在的目录

步骤 05　双击该文件，该文件将在浏览器中显示。标题栏显示"网页标题"，文档中出现文字"网页设计从这里起步"，如图 1-7 所示。

另一个创建 HTML 文档的简单方法是使用 Dreamweaver CC。这种方法不需要在纯文本中编写代码。打开 Dreamweaver CC，切换到代码视图，可以看到 Dreamweaver CC 在新文档中已经自动创建了 HTML 文档，如图 1-8 所示。

图 1-7　打开网页

图 1-8　代码视图

1.1.3　网页的基本概念

网页是一个包含 HTML 标签的纯文本文件，它是构成网站的基本元素。网页一般分为静态网页和动态网页。

静态网页是标准的 HTML 文件，它是通过 HTTP（超文本传输协议）在服务端和客户端之间传输的纯文本文件，扩展名为 .html 或 .htm。

动态网页在许多方面与静态网页是一致的，它们都是无格式的 ASCII 码文件，都包含 HTML 代码，都可以包含用脚本语言（如 JavaScript 或 VBScript）编写的程序代码，都存放在网站服务器上，收到客户请求后都会把响应信息发送给网页浏览器。由于采用的技术不同，动态网页文件的扩展名会不同。例如，文件中使用 ASP（Active Server Pages）技术，动态网页的扩展名是 .asp；若使用 JSP（Java Server Pages）技术，动态网页扩展名是 .jsp。

将设计好的静态网页放置到网站服务器上，即可访问它，若不修改更新，这种网页将保持不变，因此我们称之为静态网页。实际上，静态网页在呈现形式上可能不是静态的，它可以包含 GIF 图片等，如图 1-9 所示。此处所说的静态是指在发送给浏览器之前不再进行修改。

对于客户而言，不管是访问静态网页还是动态网页，都需要使用网页浏览器（如 Chrome 浏览器、Edge 浏览器、360 安全浏览器、QQ 浏览器、UC 浏览器等），在地址栏中输入要访问网页的 URL（统一资源定位系统，即通常所说的网址）并发出访问请求，然后才能看到浏览器所呈现的网页内容。

图 1-9　静态网页

URL用来标明访问对象，由协议类型、主机名、文件路径及文件名组成，格式为"协议类型：//主机名/目录/…/文件名"。更多时候，网站的URL中并不包含文件路径及文件名。例如，访问网易网站时，只需输入http://www.163.com即可，如图 1-10 所示。这是由于主机在解释URL时若发现没有指明具体文件，则认为要访问默认的页面，那么http://www.163.com实际上就被解释为http://www.163.com/index.html。

网页和主页（Home Page）是两个不同的概念。一个网站中主页只有 1 个，而网页可能成千上万，通常所说的主页是指访问网站时看到的第 1 页，即首页。首页的名称是特定的，一般为 index.htm、index.html、default.htm、default.html、default.asp、index.asp等，当然这个名称是由网站建设者所指定的。图 1-11 与图 1-12 分别为某动物园网站的静态首页和一个儿童网站的动态首页。

图 1-10 网易网站首页

图 1-11 静态首页

图 1-12 动态首页

1.1.4 网页和网站的关系

一个完整的网站是由多个网页构成的，这些网页是分别独立的，这些独立的网页通过超链接联系起来。超链接的目标可以是另外一个网页，也可以是同一网页的不同位置。网站可以看作许多网页的家，用户通过浏览器访问网站的地址，读取这个网站内的网页。

网页是网站的基本信息单位，一个网站通常由众多的网页有机地组织起来，用来为网站用户提供各种各样的信息和服务。网页的设计必须考虑到它们与网站的内在联系，符合网络技术的特点，体现网站的功能；网页设计师必须深入理解网络技术的特点，了解网站与网页的关系，才能发挥专业优势，设计出精彩的网页。

温馨提示

网页由许多HTML文件集合而成，至于要多少网页集合在一起才能称作网站，这个没有硬性规定，即使只有一个网页也能称为网站。

1.1.5 HTML的基本结构

HTML文档是由HTML元素组成的文本文件，HTML元素由HTML标签组成。HTML标签两端有两个包括字符<和>，这两个包括字符被称为角括号。标签通常是成对出现，比如<body>和</body>，前面一个是开始标签，后面的是结束标签，开始标签和结束标签之间的文本是元素内容。HTML标签并不区分字母的大小写，比如<title>与<TITLE>所表示的含义是一致的。

```
<html>
<head>头部信息</head>
<body>文档主体，正文部分</body>
</html>
```

图 1-13　头部信息和主体信息

HTML主要由头部信息和主体信息两部分构成，如图1-13所示。头部信息是文档的开头部分，以<head>标签开始，</head>标签结束。在标签对之间可包含文档总标题<title>…</title>、脚本操作<script>…</script>等，如不需要也可以省略。<body>标签是文档主体部分的开始，以</body>标签结束，其标签对包含众多的标签。<html>…</html>标签在最外层，表示这对标签之间的内容是HTML文档，标签对之间包含所有HTML标签。

下面是一个最基本的HTML文档的源代码。

```
<html>
<head>
<title>基本HTML示例</title>
</head>
<body>
<center>
<h3>我的主页</h3>
<br>
<hr>
<font size=2>
这是我的第一个主页面，我会努力做好的！
</font>
</center>
</body>
</html>
```

HTML中的标签丰富多样，通过它们可以展现出丰富多彩的设计风格，下面就介绍标签的几种类型。

1. 单标签

单标签即单独使用就能完整地表达意思，这类标签的语法如下。

```
<标签名称>
```

最常用的单标签是 \<br\>，它表示换行。

2. 双标签

双标签由 "开始标签" 和 "结束标签" 两部分构成，必须成对使用。其中 "开始标签" 使浏览器从此处开始执行该标签所表示的功能，而 "结束标签" 告知浏览器在这里结束该功能。开始标签前加一个斜杠（/）即成为结束标签，它的语法如下。

```
<标签>内容</标签>
```

其中 "内容" 就是这对标签要施加作用的部分。例如，想突出某段文字的显示，就可以将该段文字放在 \<em\>…\</em\> 标签中，具体如下。

```
<em>第一：</em>
```

3. 标签属性

在单标签和双标签的开始标签内可以包含一些属性，其语法如下。

```
<标签名称 属性1 属性2 属性3 …>
```

各属性之间无先后次序，属性也可省略（取默认值）。例如，单标签 \<hr\> 表示在文档当前位置绘制一条水平线，默认是从窗口中当前行的最左端一直到最右端，属性为 \<hr size=3 align=left width="75%"\>，各属性的含义如下。

- size：定义线的粗细，属性值取整数（表示屏幕像素点个数），缺省值为 1。
- align：表示对齐方式，可取 left（左对齐）、center（居中）、right（右对齐），缺省值为 "left（左对齐）"。
- width：定义线的长度，可取相对值（由一对英文双引号括起来的百分数，表示相对于充满整个窗口的百分比），也可取绝对值（用整数表示的屏幕像素点的个数，如 width=300），默认值是 "100%"。

1.2 HTML 常用标签

下面就介绍一下 HTML 中的常用标签。

1.2.1 \<html\>…\</html\>

学习 HTML 当然不能少了 \<html\> 标签，\<html\> 标签用来标识 HTML 文档的开始，\</html\> 则用来标识 HTML 文档的结束，两者成对出现，缺一不可。

\<html\>、\</html\> 在文档的最外层，文档中的所有文本和 HTML 标签都包含在其中，它表示该文档是以超文本标识语言编写的。事实上，现在常用的浏览器都可以自动识别HTML文档，并不要求有<html>标签，也不对该标签进行任何操作。但是为了使HTML文档能够适应不断变化的浏览器，还是应该养成不省略这对标签的良好习惯。

1.2.2 <head>…</head>

<head>…</head>是HTML文档的头部部分，包含文档的标题如<title>…</title>、脚本代码<script>…</script>，如图1-14所示。

图 1-14 <head>…</head>标签

1.2.3 <body>…</body>

<body>…</body>是HTML文档的主体部分，包含表格<table>…</table>、超链接<a href>…</a>、换行
、水平线<hr>等许多标签，如图1-15所示。<body>…</body>中所定义的文本和图像将通过浏览器显示出来。

```
1    </html>
2    <head>
3    <title>关于body标签</title>
4    </head>
5    <body>
6    <table width="450" border="0" cellspacing="0" cellpadding="0">
7      <tr>
8        <td width="300"><img src="image/Sunset.jpg" width="300" height="300"></td>
9        <td width="476"><p>关于body</p><p>标签对的文档</p></td>
10     </tr>
11     <tr>
12       <td><div align="center"><a href="http://www.sian.com.cn">链接到新浪网</a></div></td>
13       <td> </td>
14     </tr>
15   </table>
16   </body>
17   </html>
18
```

图 1-15 <body>…</body>标签

1.2.4 <title>…</title>

<title>…</title>标签对所包含的是网页的标题，即浏览器顶部标题栏所显示的内容，如图1-16所示，将要显示的文字输在<title>…</title>之间就可以了。

图 1-16 网页标题

> **温馨提示**
> <title>…</title>必须位于<head>…</head>标签对之间，否则无效。

1.2.5　`<hn>…</hn>`

一般文章都有标题、副标题、章和节等结构，HTML中也提供了相应的标题标签`<hn>`，其中 n 为标题的等级。HTML总共提供 6 个等级的标题，n 越小，标题字号就越大，下面列出所有等级的标题格式。

```
<h1>…</h1>        第一级标题
<h2>…</h2>        第二级标题
<h3>…</h3>        第三级标题
<h4>…</h4>        第四级标题
<h5>…</h5>        第五级标题
<h6>…</h6>        第六级标题
```

HTML代码如下。

```
<html>
<head>
<title>标题示例</title>
</head>
<body>
这是普通文字<p>
<h1>一级标题</h1>
<h2>二级标题</h2>
<h3>三级标题</h3>
<h4>四级标题</h4>
<h5>五级标题</h5>
<h6>六级标题</h6>
</body>
</html>
```

将以上代码保存为HTML文件，然后使用浏览器打开，结果如图 1-17 所示。可以看出，每一个标题的字体都为加粗体，`<hn>…</hn>` 标签具有换行的效果，内容文字前后都插入了空行。

图 1-17　标题

1.2.6　`<br>`

在HTML语言规范里，每当浏览器窗口被缩小时，浏览器会自动将右边的文字转至下一行。所以，在需要换行的地方，应加上`<br>`换行标签。`<br>`为单标签，不管放在什么位置，都能够强制换行，比如下面的HTML代码。

```
<html>
```

```
<head>
<title>未用换行示例</title>
</head>
<body>
舟夜书所见 月黑见渔灯，孤光一点萤，微微风簇浪，散作满河星。
</body>
</html>
```

将以上代码保存为 HTML 文件，然后使用浏览器打开，效果如图 1-18 所示。

以上代码如使用换行标签则如下。

图 1-18　未换行

```
<html>
<head>
<title>使用换行示例</title>
</head>
<body>
舟夜书所见<br>月黑见渔灯，<br>孤光一点萤。<br>微微风簇浪，<br>散作满河星。
</body>
</html>
```

再次把以上代码保存为 HTML 文件，然后使用浏览器打开，效果如图 1-19 所示。

图 1-19　强制换行

1.2.7 　 \<p\>…\</p\>

为了使文档在浏览器中显示时排列得整齐、清晰，在文字段落之间通常用\<p\>…\</p\>来做标记。文字段落的开始由 \<p\> 来标记，段落的结束由\</p\>来标记。标签\</p\>是可以省略的，因为下一个\<p\>的开始就意味着上一个\<p\>的结束。

\<p\>标签还有一个属性 align，它用来指明字符显示时的对齐方式，一般有 center、left、right 3 种。center 表示居中显示文档内容，left 表示靠左对齐显示文档内容，right 则表示靠右对齐显示文档内容。

下面举例说明\<p\>标签的用法。

```
<html>
<head>
<title>段落标签</title>
</head>
<body>
<p align=center>
晓出净慈寺送林子方
<p align=left>毕竟西湖六月中，
<p align=right>风光不与四时同。
```

```
<p align=left>接天莲叶无穷碧,
<p align=right>映日荷花别样红。</p>
</body>
</html>
```

将这段代码保存为 HTML 文件，然后用浏览器打
开，如图 1-20 所示。

图 1-20 对齐方式

1.2.8 <hr>

这个标签可以在屏幕上显示一条水平线，用以分割页面中的不同部分。<hr>也是单标签，有 4
个属性，分别是 size、width、align 和 noshade，具体含义如下。

- size：水平线的粗细。
- width：水平线的长，用占屏幕宽度的百分比或像素值来表示。
- align：水平线的对齐方式，有 left、right、center 3 种。
- noshade：线段无阴影属性，为实心线段。

下面用几个例子来说明 <hr> 标签的用法。

1. 标签 <hr> 线段粗细的设定

HTML 代码如下。

```
<html>
<head>
<title>标签<hr>线段粗细的设定</title>
</head>
<body>
<p>这是第一条线段, 无size设定, 取默认值size=1来显示<br>
<hr>
<p>这是第二条线段, size=5<br>
<hr size=5>
<p>这是第三条线段, size=10<br>
<hr size=10>
</body>
</html>
```

把以上代码保存为 HTML 文件，然后使用浏览器
打开，如图 1-21 所示。

2. 标签 <hr> 线段长度的设定

HTML 代码如下。

图 1-21 设置线段粗细

```
<html>
<head>
<title>标签<hr>线段长度的设定</title>
</head>
<body>
<p>这是第一条线段，无width设定，取width默认值100%来显示<br>
<hr size=3>
<p>这是第二条线段，width=50（点数方式）<br>
<hr width=50 size=5>
<p>这是第三条线段，width=50%（百分比方式）<br>
<hr width=50% size=7>
</body>
</html>
```

把以上代码保存为HTML文件，然后使用浏览器打开，如图 1-22 所示。

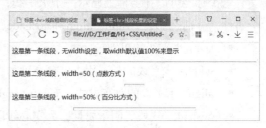

3. 标签 <hr> 线段对齐方式的设定

HTML 代码如下。

图 1-22　设置线段长度

```
<html>
<head>
<title> 标签 <hr> 线段对齐方式的设定 </title>
</head>
<body>
<p> 这是第一条线段，无 align 设定，取默认值 center（居中）显示 <br>
<hr width=50% size=5>
<p> 这是第二条线段，向左对齐 <br>
<hr width=60% size=7 align=left>
<p> 这是第三条线段，向右对齐 <br>
<hr width=70% size=2 align=right>
</body>
</html>
```

把以上代码保存为 HTML 文件，然后使用浏览器打开，如图 1-23 所示。

1.2.9　<font>…</font>

<font>…</font>标签主要用来设置文字的属性，比如字号、字体、文字颜色等。

图 1-23　设置线段对齐方式

1. 设置文字字号

<font>标签有一个属性 size，通过指定 size 属性就能设置字号大小。size 属性的有效值范围为 1～7，其中默认值为 3。还可以在 size 属性值之前加上+、-字符，来指定相对于字号初始值的增量或减量。

示例代码如下。

```
<html>
<head>
<title>设置字号的font标签</title>
</head>
<body>
<font size=7>这是size=7的字体</font><p>
<font size=6>这是size=6的字体</font><p>
<font size=5>这是size=5的字体</font><p>
<font size=4>这是size=4的字体</font><p>
<font size=3>这是size=3的字体</font><p>
<font size=2>这是size=2的字体</font><p>
<font size=1>这是size=1的字体</font><p>
<font size=-1>这是size=-1的字体</font><p>
</body>
</html>
```

把以上代码保存为 HTML 文件，然后使用浏览器打开，效果如图 1-24 所示。

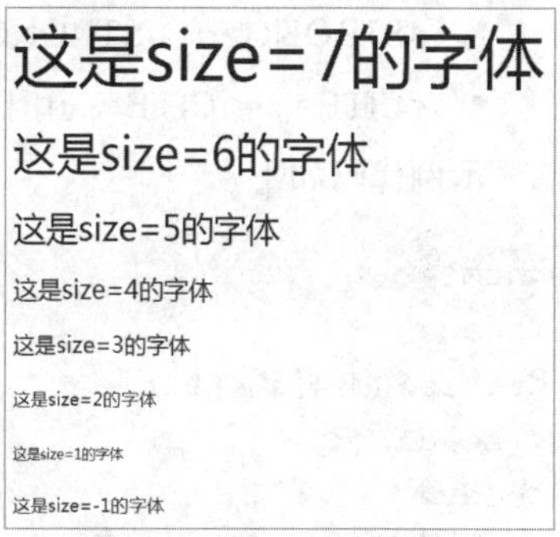

2. 设置文字的字体与样式

<font>标签有一个属性 face，用 face 属性可以设置文字的字体，其属性值可以是任意字体类型，但只有对方的计算机中装有相应的字体才可以在他的浏览器中完整显示预先设计的字体风格。

face 属性的语法标签如下。

图 1-24　设置文字字号

```
<font face="字体">
```

示例代码如下。

```
<html>
<head>
<title>设置字体</title>
</head>
<body>
<center>
<font face="楷体_GB2312">欢迎光临</font><p>
```

```
<font face="宋体">欢迎光临</font><p>
<font face="仿宋_GB2312">欢迎光临</font><p>
<font face="黑体">欢迎光临</font><p>
<font face="Arial">Welcome my homepage.</font><p>
<font face="gautami">Welcome my homepage.</font><p>
</center>
</body>
</html>
```

把以上代码保存为 HTML 文件，然后使用浏览器打开，如图 1-25 所示。

为了让文字富有变化，或者为了强调某一部分，HTML 提供了一些标签可以获得这些效果，现将常用的标签列举如下。

- <B>…</B>：将字体显示为黑体。
- <I>…</I>：将字体显示为斜体。
- <U>…</U>：将字体显示为加下划线。
- <TT>…</TT>：将字体显示为打字机字体。
- <BIG>…</BIG>：将字体显示为大型字体。
- <SMALL>…</SMALL>：将字体显示为小型字体。
- <BLINK>…</BLINK>：将字体显示为闪烁效果。
- <EM>…</EM>：强调，一般为斜体。
- <STRONG>…</STRONG>：特别强调，一般为粗体。
- <CITE>…</CITE>：用于引证、举例，一般为斜体。

图 1-25　设置文字的字体与样式

示例代码如下。

```
<html>
<head>
<title>字体样式</title>
</head>
<body>
<B>黑体字</B>
<P> <I>斜体字</I>
<P> <U>加下划线</U>
<P> <BIG>大型字体</BIG>
<P> <SMALL>小型字体</SMALL>
<P> <BLINK>闪烁效果</BLINK>
<P><EM>Welcome</EM>
<P><STRONG>Welcome</STRONG>
<P><CITE>Welcome</CITE></P>
</body>
</html>
```

把以上代码保存为 HTML 文件，然后使用浏览器打开，如图 1-26 所示。

图 1-26　各种字体效果

3. 设置字体的颜色

<font>标签有一个属性color，通过color属性可以调整文字的颜色，color属性的语法如下。

```
<font color=value>…</font>
```

这里的颜色值可以是一个十六进制数（用#作为前缀）的色标值，也可以是 16 种颜色的名称。

```
Black=#000000
Green=#008000
Silver=#C0C0C0
Lime=#00FF00
Gray=#808080
Olive=#808000
White=#FFFFFF
Yellow=#FFFF00
Maroon=#800000
Navy=#000080
Red=#FF0000
Blue=#0000FF
Purple=#800080
Teal=#008080
Fuchsia=#FF00FF
Aqua=#00FFFF
```

📚 课堂范例——设置网页文字的颜色

设置网页文字的颜色，需要利用<font>标签的color属性，具体操作步骤如下。

步骤 01　新建一个记事本文档，在文档中输入以下代码。

```
<html>
<head>
<title>无标题文档</title>
</head>
```

```
<body>
<center>
<font color=Black>赠刘景文</font><br>
<font color=Red>荷尽已无擎雨盖，</font> <br>
<font color=#00FFFF>菊残犹有傲霜枝。</font><br>
<font color=#FFFF00>一年好景君须记，</font><br>
<font color=#800000>最是橙黄橘绿时。</font> <br>
</center>
</body>
</html>
```

步骤 02 另存为 HTML 文件，使用浏览器打开，效果如图 1-27 所示（本书为黑白印刷，读者可自行操作查看效果）。

图 1-27 网页效果

1.2.10   <align=#>

通过 align 属性可以设置文字或图片的对齐方式，left 表示靠左对齐，right 表示靠右对齐，center 表示居中对齐，它的基本语法如下。

```
<div align=#>    (#=left/right/center)
```

示例代码如下。

```
<html>
<head>
<title>位置控制</title>
</head>
<body>
<div align=left>
靠左对齐! <br>
<div align=right>
靠右对齐! <br>
<div align=center>
居中对齐! <br>
</body>
</html>
```

把以上代码保存为 HTML 文件，然后使用浏览器打开，如图 1-28 所示。

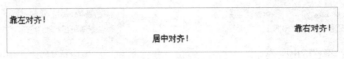

图1-28　对齐方式

课堂问答

问答1：怎样在网页中添加一条水平线？

答：可以使用<hr>标签来为网页添加水平线，用以分割页面中的不同部分。<hr>是单标签。<hr>有4个属性，分别是size、width、align和noshade，具体含义如下。

- size：水平线的粗细。
- width：水平线的长，用占屏幕宽度的百分比或像素值来表示。
- align：水平线的对齐方式，有left、right、center这3种。
- noshade：线段无阴影属性，为实心线段。

问答2：如何设置网页标题？

答：<title>…</title>标签对所包含的内容就是网页的标题，即浏览器顶部标题栏所显示的内容，将要显示的文字输入在<title>…</title>之间就可以了。

上机实战——用水平线分隔文字

本例效果如图1-29所示。

效果展示

图1-29　网页效果

思路分析

可以使用记事本文档编写最基本的HTML代码，然后在<body>…</body>标签对之间添加文字，使用水平线标签<hr>分割文字，最后另存为HTML文件即可。

制作步骤

步骤01　打开记事本文档，在"记事本"中输入HTML基本代码，如图1-30所示。

步骤02　在<body>…</body>标签对之间输入文字并添加水平线标签<hr>，完整代码如图1-31所示。

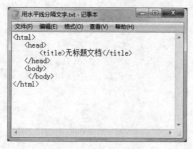

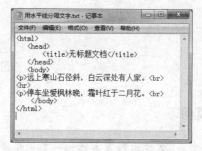

图 1-30　输入代码　　　　　　　　　　图 1-31　输入文字和水平线标签

步骤 03　在"记事本"文件中执行"文件>另存为"命令，打开"另存为"对话框，在"保存类型"下拉列表中选择"所有文件"，然后在"文件名"文本框中输入文件名及扩展名"用水平线分隔文字.html"，如图 1-32 所示。

步骤 04　使用浏览器打开网页，即可查看效果。

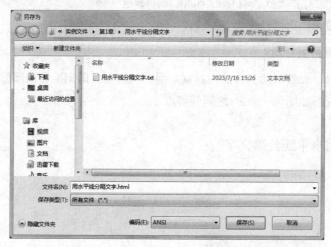

图 1-32　"另存为"对话框

⊕ 同步训练——设置文字字体样式

下面安排一个同步训练案例，效果如图 1-33 所示。

效果展示

图 1-33　网页效果

思路分析

由图 1-33 可见，标题显示为黑体字加下划线，就要用到 `<B>…</B>` 标签和 `<U>…</U>` 标签，其余文字是斜体，就要用到 `<I>…</I>` 标签，文字换行使用 `<p>` 标签。

关键步骤

步骤 01 打开记事本文档，在"记事本"中输入 HTML 基本代码，如图 1-34 所示。

步骤 02 在 `<body>…</body>` 标签对之间输入标签和文字，完整代码如图 1-35 所示。

图 1-34 输入代码

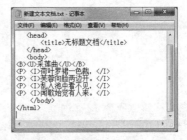

图 1-35 输入标签和文字

步骤 03 将记事本文件另存为 HTML 文件即可。

知识能力测试

一、填空题

1. 设置文字大小，是使用 `<font>` 标签的 _____ 属性。

2. 设置文字颜色，是使用 `<font>` 标签的 _____ 属性。

3. 设置水平线的长，是使用 `<hr>` 标签的 _____ 属性。

二、判断题

1. 通过 noshade 属性可以设置文字或图片的对齐方式。 （ ）

2. HTML 中也提供了相应的标题标签 `<hn>`，其中 n 为标题的等级，HTML 总共提供 6 个等级的标题，n 越小，标题字号就越大。 （ ）

三、简答题

1. HTML 主要由哪些部分组成?

2. 双标签由哪些部分构成?

HTML5+CSS3

第 2 章
HTML 中的文字处理

　　HTML 的主要工作是编辑文本结构和文本内容，以便浏览器能正确地显示。本章将介绍 HTML 在一段文本中添加标题和段落，创建列表，以及文本的显示设置等内容。

2.1 标题和段落

大部分的文本结构由标题和段落组成。内容结构化会带来更轻松、更愉快的阅读体验。

2.1.1 标题显示标签

在HTML文档中，标题很重要。每个标题是通过"标题标签"进行定义的，语法格式如下。

```
<h1>我是文章的标题</h1>
```

标题（Heading）是通过 <h1> - <h6> 标签进行定义的。

每个元素代表文档中不同级别的内容。其中 <h1> 表示主标题，<h2> 表示二级子标题，<h3> 表示三级子标题等。<h1> 定义最大的标题，<h6> 定义最小的标题。

温馨提示

标题使用需要注意以下几点。

（1）浏览器会自动在标题的前后添加空行。

（2）请确保 HTML 标题标签只用于标题，不要仅仅是为了生成粗体或大号的文本而使用标题标签。

（3）搜索引擎使用标题为您的网页的结构和内容编制索引，因为用户可以通过标题来快速浏览您的网页，所以用标题来呈现文档结构是很重要的。

（4）应该将 h1 用作主标题（最重要的），其次是 h2（次重要的），再次是 h3，以此类推。

2.1.2 段落设置

HTML 可以将文档分割为若干段落，每个段落是通过 <p> 标签定义的，示例代码如下。

```
<p>这是一个段落 </p>
<p>这是另一个段落</p>
```

温馨提示

段落设置需要注意以下几点。

（1）浏览器会自动在段落的前后添加空行。

（2）即使忘了使用结束标签，大多数浏览器也会正确地将内容显示出来，但不要依赖这种做法。忘记使用结束标签会产生意想不到的结果和错误。

想要在不产生一个新段落的情况下进行换行，请使用
 标签，示例如下。

```
<p>这个<br>段落<br>演示了分行的效果</p>
```


 没有结束标签。

课堂范例——使用 HTML 代码排版一首唐诗

本例可以通过使用<p>标签来制作，具体操作步骤如下。

步骤 01 新建一个记事本文档，在文档中输入以下代码。

```
<!DOCTYPE html>
<html>
<head>
<title>唐诗</title>
</head>
<body>
<h1>静夜思</h1>
<p>床前明月光  疑是地上霜</p>
<p>举头望明月  低头思故乡</p>
</body>
</html>
```

步骤 02 在"记事本"窗口中执行"文件>另存为"命令，打开"另存为"对话框，在"保存类型"下拉列表中选择"所有文件"，然后在"文件名"文本框中输入文件名及扩展名"在 HTML 代码中排版一首唐诗.html"，如图 2-1 所示。

步骤 03 选择保存的 HTML 文件，如图 2-2 所示，双击打开。

图 2-1 "另存为"对话框

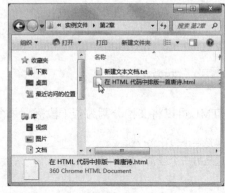

图 2-2 选择 HTML 文件

结果如图 2-3 所示。

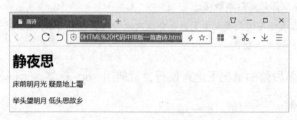

图 2-3 运行结果

列表

列表在生活中随处可见——从购物清单到回家的路线方案，再到本书的目录，都可看作列表。列表是一系列排列好的项目，主要分成三类：有序列表、无序列表和自定义列表。

2.2.1　有序列表

有序列表是每个列表项前面都有编号，呈现出一定的顺序。有序列表始于 <ol> 标签，每个列表项始于 <li> 标签。示例代码如下。

```
<ol>
  <li>豆浆</li>
  <li>油条</li>
</ol>
```

在浏览器中显示如下。

1．豆浆
2．油条

2.2.2　无序列表

无序列表用于标记顺序无关紧要的列表，列表项前面没有编号，只有一个列表符号，默认是一个圆点。

无序列表始于 <ul> 标签，每个列表项始于 <li> 标签。示例代码如下。

```
<ul>
  <li>豆浆</li>
  <li>油条</li>
</ul>
```

在浏览器中显示如下。

· 豆浆
· 油条

2.2.3　自定义列表

自定义列表既可以是一列项目，又可以是项目及其注释的组合。自定义列表以 <dl> 标签开始，每个自定义列表项以 <dt> 开始，每个自定义列表项的定义以 <dd> 开始。示例代码如下。

```
<dl>
```

```
<dt>CPU</dt>
<dd>中央处理器</dd>
<dt>Memory</dt>
<dd>内存</dd>
<dt>Hard Disk</dt>
<dd>硬盘</dd>
</dl>
```

在浏览器中显示如下。

```
CPU
   中央处理器
Memory
   内存
Hard Disk
   硬盘
```

自定义列表的列表项内部可以使用段落、换行符、图片、链接及其他列表等。

▓ 课堂范例——列表嵌套使用

列表可相互嵌套形成多级列表。<ol>标签内部可以嵌套<ol>标签或<ul>标签，<ul>标签内部也可以嵌套<ul>标签或<ol>标签。以下是一个有序列表内部嵌套了另一个无序列表的例子。

步骤 01　新建一个记事本文档，在文档中输入以下代码。

```
<html>
  <head>
    <title>列表嵌套</title>
  </head>
  <body>
    <ol>
      <li>列表项 A</li>
      <li>
        列表项 B
        <ul>
          <li>列表项 B1</li>
          <li>列表项 B2</li>
          <li>列表项 B3</li>
        </ul>
      </li>
      <li>列表项 C</li>
    </ol>
  </body>
</html>
```

步骤 02　另存为 HTML 文件，在浏览器中打开，运行效果如图 2-4 所示。

图 2-4 运行效果

2.3 文本的显示设置

网页的主要功能是文本展示，HTML 提供了相应的标签，用于标记某些文本，使其具有加粗、倾斜、下划线等效果。

2.3.1 斜体显示标签

在口语表达中，有时会强调某些字，用来改变这句话的意思。同样，在书面用语中，可以使用斜体来达到同样的效果。

<em>是一个行内标签，表示强调，浏览器会以斜体显示它包含的内容。示例代码如下。

```
<p>我们<em>已经</em>讨论过这件事情了。</p>
```

运行效果如图 2-5 所示。

虽然浏览器通常会以斜体显示<em>标签中的内容，但无法保证一定如此，所以最好还是用 CSS 指定一下这个标签的样式。

<i>标签与<em>相似，也表示与其他地方有所区别，浏览器会以斜体显示。示例代码如下。

```
<p>我心想，这件事是<i>真的</i>吗？</p>
```

运行效果如图 2-6 所示。

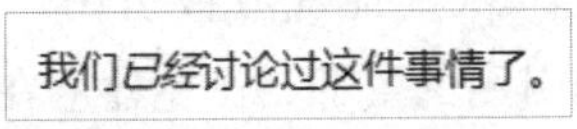

我们*已经*讨论过这件事情了。

图 2-5 <em>标签显示效果

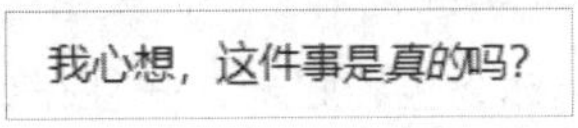

我心想，这件事是*真的*吗？

图 2-6 <i>标签显示效果

<i>标签的语义不强，更像是一个纯样式的标签，建议优先使用<em>标签。

2.3.2 加粗显示标签

在口语中，我们通常使用重音来强调重要的词。而在文字中，我们通常使用粗体字来达到同样的强调效果。加粗显示标签 <strong>是一个行内元素，表示它包含的内容很重要，需要引起注意。

浏览器会以粗体显示其中内容。示例代码如下。

```
<p>开会时间是<strong>下午两点</strong>。</p>
```

运行效果如图 2-7 所示。

<b>与<strong>很相似，也表示所包含的内容需要引起注意，浏览器会加粗显示。示例代码如下。

```
<p>开会时间是<b>上午十点</b>。</p>
```

运行效果如图 2-8 所示。

开会时间是**下午两点**。

图 2-7 <strong>标签显示效果

开会时间是**上午十点**。

图 2-8 <b>标签显示效果

它与<strong>的区别在于，它没有语义，是一个纯样式的标签，违反了语义与样式分离的原则，因此建议优先使用<strong>标签。

2.3.3 下标标签和上标标签

表示日期、化学方程式和数学方程式时会使用上标和下标。<sub>标签可以将内容变为下标，<sup>标签可以将内容变为上标，它们都是行内元素。示例代码如下。

```
<p>水分子是H<sub>2</sub>O。</p>
```

运行效果如图 2-9 所示。

水分子是 H_2O。

图 2-9 <sub>标签显示效果

2.3.4 引用

HTML 也有用于标记引用的标签，至于使用哪个标签标记，取决于你引用的内容是一块还是一行。

如果一个块级内容（一个段落、多个段落、一个列表等）从其他地方被引用，应该把它用<blockquote>标签包裹起来，并且在 cite 属性里用 URL 来指向引用的资源，浏览器会在样式上将其与正常文本区别显示。示例代码如下。

```
<p>爱迪生说过：</p>
<blockquote cite="https://quote.example.com">
  <p>天才就是 1% 的天赋和99%的汗水。</p>
</blockquote>
```

显示效果如图 2-10 所示。

<blockquote>标签有一个 cite 属性，它的值是一个网址，表示引用来源，不会显示在网页上，浏览器默认使用斜体显示这部分内容。

<cite>不一定跟<blockquote>一起使用，如果文章中提到资料来源，也可以单独使用。示例代码如下。

```
<p>更多资料请看<cite>百度百科</cite>。</p>
```

运行效果如图 2-11 所示。

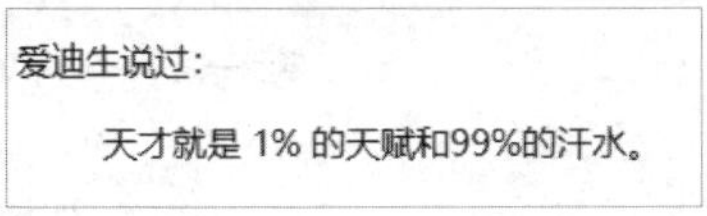

爱迪生说过：
　　天才就是 1% 的天赋和99%的汗水。

更多资料请看百度百科。

图 2-10　<blockquote>标签显示效果 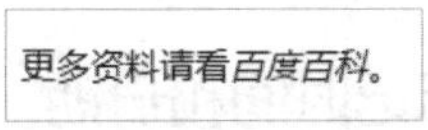　　　　图 2-11　<cite>标签显示效果

<q>是一个行内标签，也表示引用。它与<blockquote>的区别是它不会产生换行。示例代码如下。

```
<p>
    莎士比亚的《哈姆雷特》有一句著名的台词：
    <q cite="https://quote.example.com">生存还是毁灭，这是一个问题。</q>
</p>
```

运行效果如图 2-12 所示。

莎士比亚的《哈姆雷特》有一句著名的台词："生存还是毁灭，这是一个问题。"

图 2-12　<q>标签显示效果

在上面的例子中，引言部分跟前面的说明部分是在同一行中。

另外，跟<blockquote>一样，<q>也有 cite 属性，表示引用的来源。

温馨
提示　浏览器默认会自动添加半角的双引号，所以，引用中文内容时要小心处理引号，以确保内容的可读性。

2.3.5　展示计算机代码

HTML 中有大量标记计算机代码的标签。

- <code>：用于标记计算机通用代码。
- <pre>：用于保留空白字符（通常用于代码块）。如果在文本中使用缩进或多余的空白字符，浏览器会将其忽略，你将不会在呈现的页面上看到它。但是，如果你将文本包含在<pre>…</pre>标签中，那么空白将会以与你在文本编辑器中看到的相同的方式渲染出来。
- <var>：用于标记具体变量名。
- <kbd>：用于标记输入计算机的键盘（或其他类型）输入。
- <samp>：用于标记计算机程序的输出。

示例代码如下。

```
<p>展示一段JavaScript代码: </p>
<pre>
<code>
  let a = 1;
  console.log(a);
</code>
</pre>
```

运行效果如图 2-13 所示。

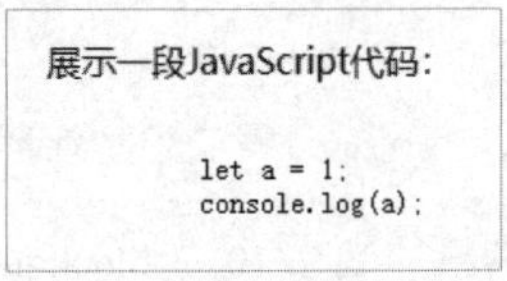

```
展示一段JavaScript代码:

        let a = 1;
        console.log(a);
```

图 2-13　计算机代码显示效果

2.3.6 标记时间和日期

HTML 支持将时间和日期标记为可供机器识别的 <time> 标签。<time>是一个行内标签，其示例代码如下。

```
<p>运动会预定<time datetime="2022-02-09">下周三</time>举行。</p>
```

在上述代码中，<time>表示下周三的具体日期，这方便搜索引擎抓取，或者进行下一步的其他处理。<time>的 datetime 属性，用来指定机器可读的日期，可以有以下多种格式。

- 有效年份：2022
- 有效月份：2022-11
- 有效日期：2022-11-18
- 无年份的日期：11-18
- 年度的第几周：2022-W47
- 有效时间：14:54、14:54:39、14:54:39.929
- 日期和时间：2022-11-18T14:54:39.929

相关格式示例代码如下。

```
<!-- 标准简单日期 -->
<time datetime="2022-01-20"> 2022年1月20日</time>
<!-- 只包含年份和月份-->
<time datetime="2022-01"> 2022年1月</time>
<!-- 只包含月份和日期 -->
<time datetime="01-20">1月20日</time>
<!-- 只包含小时和分钟数 -->
<time datetime="19:30">19:30</time>
<!-- 包含秒和毫秒 -->
<time datetime="19:30:01.856">19:30:01.856</time>
<!-- 日期和时间 -->
<time datetime="2022-01-20T19:30">2022年1月20日，晚7点30分 </time>
<!-- 含有时区偏移值的日期时间 -->
<time datetime="2022-01-20T19:30+01:00">2022年1月20日，晚7点30分，法国为8点30分
</time>
```

```
<!-- 调用特定的周 -->
<time datetime="2022-W04"> 2022年第4个星期</time>
```

课堂范例——对文本进行格式化

本例可以使用<p>标签和
标签来制作，具体操作步骤如下。

步骤 01　新建一个记事本文档，在文档中输入以下代码。

```
<html>
  <head>
    <title>文本格式化</title>
  </head>
  <body>
    <p><code>HTML</code> 是网页使用的语言，定义了网页的<em>结构</em>和<em>内容
</em>。</p>
    <p><code>HTML</code> 的全名是<q><abbr title="HyperText Markup Language">
超文本标记语言</abbr></q>，20世纪90年代由欧洲核子研究中心的物理学家<abbr title="Tim
Berners-Lee">蒂姆·伯纳斯-李</abbr>发明。</p>
    <p>它的最大特点就是支持<strong>超链接</strong>，点击链接就可以跳转到其他网页，从而构
成了整个互联网。</p>
    <br />
    <p><time datetime="1999">1999年</time>，<code>HTML</code> 4.01 版发布，成为广泛
接受的 <code>HTML</code> 标准。</p>
    <p><time datetime="2014">2014年</time>，<code>HTML</code> 5 发布，这是目前正在
使用的版本。</p>
    <br />
    <p>浏览器的网页开发，涉及三种技术：<code>HTML</code>、<code>CSS</code> 和
<code>JavaScript</code>。</p>
  </body>
</html>
```

步骤 02　另存为HTML文件后，在浏览器中打开，运行效果如图 2-14 所示。

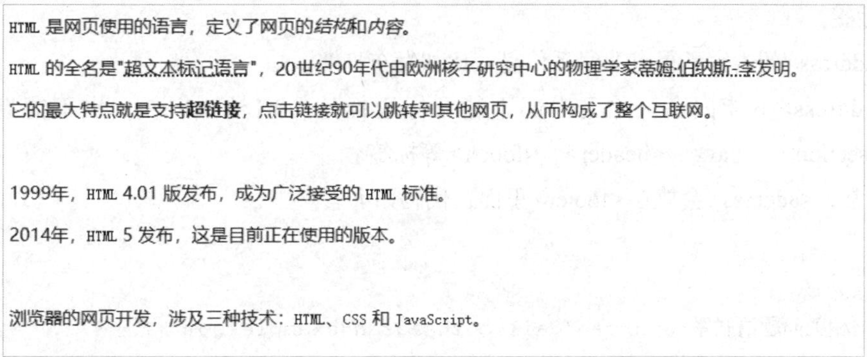

HTML 是网页使用的语言，定义了网页的*结构*和*内容*。

HTML 的全名是"超文本标记语言"，20世纪90年代由欧洲核子研究中心的物理学家蒂姆·伯纳斯·李发明。

它的最大特点就是支持**超链接**，点击链接就可以跳转到其他网页，从而构成了整个互联网。

1999年，HTML 4.01 版发布，成为广泛接受的 HTML 标准。

2014年，HTML 5 发布，这是目前正在使用的版本。

浏览器的网页开发，涉及三种技术：HTML、CSS 和 JavaScript。

图 2-14　运行效果

课堂问答

问答1：如何给文本添加删除线和下划线？

答：使用<ins>标签给文本添加删除线，使用<del>标签给文本添加下划线。<ins>标签是一个行内元素，表示原始文档添加的内容。<del>与之类似，表示删除的内容。它们通常用于展示文档的删改。示例代码如下。

```
<del><p>会议定于5月8日举行。</p></del>
<ins><p>会议定于5月9日举行。</p></ins>
```

浏览器默认为<del>标签的内容加上删除线，为<ins>标签的内容加上下划线。

这两个标签都有以下属性。

- cite：该属性的值是一个URL，表示该网址可以解释本次删改。
- datetime：表示删改发生的时间。

示例代码如下。

```
<ins cite="./why.html" datetime="2022-05">
  <p>项目比原定时间提前两周结束。</p>
</ins>
```

问答2：如何标记联系方式？

答：使用<address>标签来表示某人或某个组织的联系方式。示例代码如下。

```
<p>作者的联系方式：</p>
<address>
  <p><a href="mailto:foo@example.com">foo@example.com</a></p>
  <p><a href="tel:+555-34762301">+555-34762301</a></p>
</address>
```

该标签有几个注意点。

（1）如果是文章里提到的地址（比如提到搬家前的地址），而不是联系信息，不要使用<address>标签。

（2）<address>的内容不得有非联系信息，比如发布日期。

（3）<address>不能嵌套，并且内部不能有标题标签（<h1> - <h6>），也不能有<article>、<aside>、<section>、<nav>、<header>、<footer>等标签。

（4）通常，<address>会放在<footer>里面，代码如下。

```
<footer>
  <address>
    文章的相关问题请联系<a href="mailto:zhangsan@example.com">张三
    McClure</a>。
  </address>
</footer>
```

上机实战——创建一个任务清单

本例的效果如图 2-15 所示。

效果展示

HTML学习任务清单

HTML 很容易学习！你会喜欢它的！

准备

- 下载Visual Studio Code编辑器
- 给编辑器安装插件
- 学会使用编辑器

学习步骤

1. HTML的基础知识
2. HTML的基本元素
3. HTML的属性有哪些?
4. HTML的常用标签
5. 网页的基础结构

图 2-15　任务清单效果图

思路分析

通过图 2-15 的效果图可以看出，任务清单可以分成三个部分。

最上面部分包含标题和说明文字，标题比较大可以使用 <h1> 标签，说明文字用 <p> 标签；中间部分包含标题和无序列表，这里的标题相对较小，使用 <h2> 标签，无序列表使用 <ul> 标签，列表项使用 <li> 标签；最下面的部分包含标题和有序列表，这里的标题同样使用 <h2> 标签，有序列表使用 <ol> 和 <li> 标签。

明确了使用的文本标签之后，接着进行代码编写，就能够实现对应的效果了。

制作步骤

步骤 01　新建一个记事本文档，在文档中输入以下代码。

```
<html>
<head>
    <title>任务清单列表</title>
</head>
<body>
</body>
</html>
```

步骤 02　使用 <h1> 标签和 <p> 标签，完成标题和说明文字部分代码，对应代码如下。

```
<h1>HTML学习任务清单</h1>
```

```
<p>HTML 很容易学习！你会喜欢它的！</p>
```

步骤 03 使用<h2>、<ul>、<li>标签实现中间部分的内容，对应代码如下。

```
<h2>准备</h2>
<ul>
    <li>下载Visual Studio Code编辑器</li>
    <li>给编辑器安装插件</li>
    <li>学会使用编辑器</li>
</ul>
```

步骤 04 使用<h2>、<ol>、<li>标签实现最后部分的内容，对应代码如下。

```
<h2>学习步骤</h2>
<ol>
    <li>HTML的基础知识</li>
    <li>HTML的基本元素</li>
    <li>HTML的属性有哪些？</li>
    <li>HTML的常用标签</li>
    <li>网页的基础结构</li>
</ol>
```

步骤 05 全部代码完成之后，在浏览器中打开，查看运行效果即可。

🌐 同步训练——创建一个待办事项列表

下面再安排一个同步训练案例，效果如图 2-16 所示。

HTML学习待办事项

HTML 很容易学习！你会喜欢它的！

已经完成

1. 下载Visual Studio Code编辑器
2. 给编辑器安装插件
3. 学会使用编辑器

正在进行

- HTML的基础知识
- HTML的基本元素
- HTML的属性有哪些？
- HTML的常用标签
  - 文本标签
  - 列表标签
  - 图像标签
- 网页的基础结构

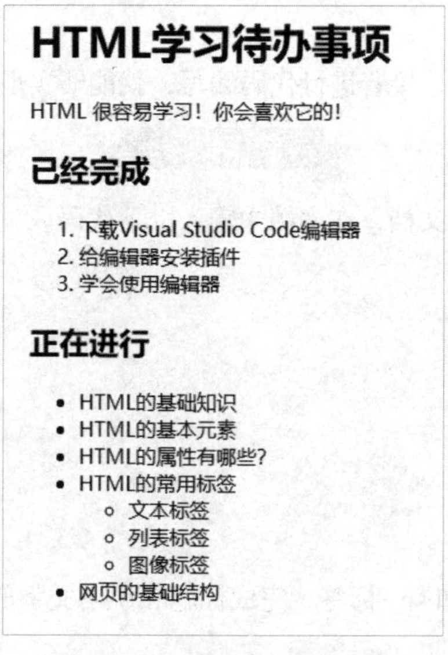

图 2-16　待办事项效果图

思路分析

通过图 2-16 的效果图，可以发现其整体结构和上机实战相同，同样可以将待办事项列表分成三个部分。

解题思路与上机实战项目相同，唯一的区别就是最后部分多了一个无序列表的嵌套，在<li>标签里继续使用<ol>、<li>标签即可。

关键步骤

步骤 01　新建一个记事本文档，在文档中输入以下代码。

```
<html>
<head>
    <title>待办事项列表</title>
</head>
<body>
    <h1>HTML学习待办事项</h1>
    <p>HTML很容易学习！你会喜欢它的！</p>
    <h2>已经完成</h2>
    <ol>
        <li>下载Visual Studio Code编辑器</li>
        <li>给编辑器安装插件</li>
        <li>学会使用编辑器</li>
    </ol>
    <h2>正在进行</h2>
    <ul>
        <li>HTML的基础知识</li>
        <li>HTML的基本元素</li>
        <li>HTML的属性有哪些？</li>
        <li>HTML的常用标签</li>
        <li>网页的基础结构</li>
    </ul>
</body>
</html>
```

步骤 02　在最后一部分内容的<li>标签中，添加<ul>、<li>标签，实现列表的嵌套。相关代码如下。

```
        <li>
        HTML的常用标签
        <ul>
            <li>文本标签</li>
            <li>列表标签</li>
            <li>图像标签</li>
        </ul>
        </li>
```

步骤 03　全部的代码完成之后，在浏览器中打开，查看运行效果。

知识能力测试

一、填空题

1. 标题是通过 <h1>－<h6> 标签进行定义的，_____标签定义最大的标题。

2. 想要在不产生一个新段落的情况下进行换行，应该使用_____标签。

3. 列表是一系列排列好的项目，主要分成三类，分别是_____、_____、_____。

二、选择题

1. 有序列表是每个列表项前面有编号，呈现出顺序，下面哪组标签可以实现有序列表？（　　　　）

A. <ul> 和 <li>　　　　B. <ul> 和 <dl>　　　　C. <ol> 和 <li>　　　　D. <ol> 和 <dl>

2. 应该优先使用下面哪个标签来实现粗体效果？（　　　）

A. <b>　　　　　　　B. <sub>　　　　　　　C.
　　　　　　　D. <strong>

3. 引用一段名言警句，应该使用下面哪个块级元素？（　　　）

A. <blockquote>　　　B. <cite>　　　　　　C. <q>　　　　　　　　D. <ins>

三、简答题

1. 如果想在网页中引用他人的话可以使用哪些标签？它们之间的区别是什么？

2. 哪些元素可以来标记计算机代码？如果想要显示代码之间的空格，应使用哪个标签元素进行包裹？

HTML5+CSS3

　　图像是网页中不可缺少的元素，本章将主要介绍在 HTML
中插入图像的方法。

3.1 网页中的图像

一个好的网页除了文本，还应该有绚丽的图片来进行渲染，在页面中恰到好处地使用图像能使网页更加生动、形象和美观。

3.1.1 网页中常用的图像格式

图片能够带给人们丰富的色彩与强烈的冲击力，对网页进行修饰与点缀。如果网页中没有图片只是纯文字，页面该是多么的单调。图片有多种格式，如 JPG、BMP、TIF、GIF、PNG 等。互联网上的大部分图像使用 JPG 和 GIF 格式，因为它们具有压缩比例高的优点，而且各个操作系统都可使用。

下面简单介绍一下常用的图像文件存储格式。

1. GIF

GIF 格式使图像文件的体积大大缩小，并基本保持了图片的原貌。为方便传输，在制作主页时一般都采用 GIF 格式的图片。此种格式的图像文件最多可以显示 256 种颜色，在网页制作中，适用于显示一些不间断色调或大部分为同一色调的图像，还可以将其作为透明的背景图像，作为预显示图像或在网页上移动的图像。

2. JPG

JPG 是在互联网上被广泛支持的一种图像格式，是以损失质量为代价的压缩方式，压缩比越高，图像质量损失越大，适用于一些色彩比较丰富的照片及 24 位图像。这种格式的图像文件能够保存数百万种颜色，适用于保存一些具有连续色调的图像。

3. PNG

PNG 是 Portable Network Graphic（便携式网络图像格式）的缩写，这种格式的图像文件可以完全替换 GIF 文件，而且无专利限制，非常适合 Adobe 公司的 Fireworks 图像处理软件，能够保存图像中最初的图层、颜色等信息。

目前，各种浏览器对 JPEG 和 GIF 图像格式的支持情况最好。PNG 文件较小，并且具有较大的灵活性，它非常适合用作网页图像，但是，某些浏览器版本不支持 PNG 图像，因此，它在网页中的使用受到一定的限制。除非特别必要，在网页中一般使用 JPEG 或 GIF 格式的图像。

课堂范例——在网页中插入图像

本例可以利用< img src >标签来制作，具体操作步骤如下（本例所使用的图像文件所在位置：源文件与素材/素材文件/第 3 章）。

步骤 01　新建一个记事本文档，在文档中输入以下代码。

```
<html>
<head>
<title>在网页中插入图像</title>
</head>
<body>
</body>
</html>
```

步骤 02 在 `<body>` 与 `</body>` 标签之间输入代码。

```
<img src="images/k1.jpg" >
```

> **温馨提示**
> `<img src=" ">` 标签的 `" "` 中就是要插入图像的地址和名称，本例中表示插入的是 images 文件夹中的名为 k1 的 JPG 图像。

步骤 03 将以上代码保存为 HTML 文件，打开网页，效果如图 3-1 所示。

图 3-1　网页效果

3.1.2　设置图像属性

插入图像的标签是 `<img>`，其基本语法如下。

```
<img src="图像文件地址">
```

src 属性指明了所要链接的图像文件地址，这个图像文件可以是本地计算机上的图像，也可以是位于远端服务器上的图像。地址的表示方法同超链接中 URL 地址表示方法，如 `<img src="images/123.jpg">`。

img 还有两个属性是 height 和 width，分别表示图形的高和宽。通过这两个属性，可以改变图像的大小。如果没有设置图像大小，则图像按照原始大小显示，具体示例如下。

```
<html>
```

```
<head>
<title>设置图像</title>
</head>
<body>
<img src="hua.jpg">
</body>
</html>
```

将以上代码保存为 HTML 文件，使用浏览器打开，效果如图 3-2 所示。

设置 height 和 width 属性，示例代码如下。

```
<html>
<head>
<title>设置图像</title>
</head>
<body>
<img src="hua.jpg"width="300"height="300">
</body>
</html>
```

将以上代码保存为 HTML 文件，使用浏览器打开，效果如图 3-3 所示。

图 3-2　网页效果　　　　　　　　　　　　　　图 3-3　网页效果

3.2 图像与网页文字的对齐方式

设置图文的对齐方式可以使用 img 中的 align 属性，其对齐方式有以下几种。

- align=top：文本顶部对齐。
- align=middle：文本中央对齐。
- align=bottom：文本底部对齐。
- align=texttop：图像顶线对齐。
- align=baseline：图像基线对齐。
- align=left：图像左对齐。

- align=right: 图像右对齐。

下面将分别举例说明图像与文本的各种对齐方式。

3.2.1　图像与文本的顶部对齐

顶部对齐指的是将图像的顶部与文本的顶部对齐，示例代码如下。

```
<html>
<head>
<title>图像与文本的顶部对齐</title>
</head>
<body>
<img src="fj.jpg" align=top>美丽的风景
</body>
</html>
```

将以上代码保存为 HTML 文件，使用浏览器打开，效果如图 3-4 所示。

图 3-4　网页效果

3.2.2　图像与文本的中央对齐

中央对齐指的是将图像的中央与文本的中央对齐，示例代码如下。

```
<html>
<head>
<title>图像与文本的中央对齐</title>
</head>
<body>
<img src="fj.jpg" align=middle>美丽的风景
</body>
</html>
```

将以上代码保存为 HTML 文件，使用浏览器打开，效果如图 3-5 所示。

图 3-5　网页效果

3.2.3　图像与文本的底部对齐

底部对齐指的是将图像的底部与文本的底部对齐，示例代码如下。

```
<html>
<head>
<title>图像与文本的底部对齐</title>
</head>
<body>
<img src="fj.jpg"align =bottom>美丽的风景
</body>
</html>
```

将以上代码保存为HTML文件，使用浏览器打开，效果如图3-6所示。

图 3-6　网页效果

3.2.4　图像的顶线对齐

顶线对齐是以图像顶线为基准来对齐，示例代码如下。

```
<html>
<head>
<title>图像顶线对齐</title>
```

```
</head>
<body>
<img src="fj.jpg"align =texttop>美丽的风景
</body>
</html>
```

将以上代码保存为HTML文件，使用浏览器打开，效果如图 3-7 所示。

图 3-7　网页效果

3.2.5 图像的基线对齐

基线对齐是指以图像最下方的线条来对齐，示例代码如下。

```
<html>
<head>
<title>图像的基线对齐</title>
</head>
<body>
<img src="fj.jpg"align=baseline>美丽的风景
</body>
</html>
```

将以上代码保存为HTML文件，使用浏览器打开，效果如图 3-8 所示。

图 3-8　网页效果

3.2.6　图像的靠左对齐

靠左对齐是指文字以图像顶端为标准对齐，并在图像的右侧显示，示例代码如下。

```
<html>
<head>
<title>图像的靠左对齐</title>
</head>
<body>
<img src="fj.jpg"align=left>有山有水，风景如画，令人心旷神怡。
</body>
</html>
```

将以上代码保存为 HTML 文件，使用浏览器打开，效果如图 3-9 所示。

图 3-9　网页效果

3.2.7　图像的靠右对齐

靠右对齐是指文字以图像顶端为标准对齐，并在图像的左侧显示，示例代码如下。

```
<html>
<head>
<title>图像的靠右对齐</title>
</head>
<body>
<img src="fj.jpg"align=right>有山有水，风景如画，令人心旷神怡。
</body>
</html>
```

将以上代码保存为 HTML 文件，使用浏览器打开，效果如图 3-10 所示。

图 3-10　网页效果

3.3 图像与文字之间的距离

文字与图像的水平距离可以通过 hspace 属性来设置，垂直距离则可以通过 vspace 属性来设置。

3.3.1 hspace 属性

下面使用 hspace 属性设置文字与图像水平距离为 60 像素，示例代码如下。

```
<html>
<head>
<title>图像的水平距离设置</title>
</head>
<body>
<img src="fj.jpg"hspace=60>美丽的风景
</body>
</html>
```

将以上代码保存为 HTML 文件，使用浏览器打开，效果如图 3-11 所示。

图 3-11　网页效果

3.3.2 vspace 属性

下面使用vspace属性设置文字与图像垂直距离为60像素，示例代码如下。

```
<html>
<head>
<title>图像的垂直距离设置</title>
</head>
<body>
<img src="fj.jpg"vspace=60>美丽的风景
</body>
</html>
```

将以上代码保存为HTML文件，使用浏览器打开，效果如图3-12所示。

图 3-12　网页效果

课堂范例——制作图形按钮

图形按钮就是用户通过单击某个图形，即可跳转到某个地址，这与超链接相同，基本语法如下。

```
<a href="资源地址"><img src="图像文件地址"></a>
```

本例就制作一个图形按钮，具体操作步骤如下（本例所使用的图像文件所在位置：源文件与素材/素材文件/第3章）。

步骤 01　新建一个记事本文档，在文档中输入以下代码。

```
<html>
<head>
<title>图像的链接</title>
</head>
<body>
<a href=http://www.sina.com.cn/><img src="images/huah.jpg"></a>
```

```
</body>
</html>
```

> **温馨提示**
>
> a href=http://www.sina.com.cn/><img src="images/huah.jpg"，表示插入的是名称为 huah 的 JPG 文件，单击图像跳转到 http://www.sina.com.cn。

步骤 02　将以上代码保存为 HTML 文件，使用浏览器打开，效果如图 3-13 所示，单击图像即可跳转到 http://www.sina.com.cn。

图 3-13　网页效果

> **温馨提示**
>
> 网页中鼠标光标变为手型，浏览器下方显示了链接地址，说明图像的链接设置成功了，单击图片即可跳转到对应的网址。

课堂问答

问答 1：插入图像的标签是什么，其基本语法是什么？

答：插入图像的标签是 <img>，其基本语法如下。

```
<img src="图像文件地址">
```

src 属性指明了所要链接的图像文件地址，这个图像文件可以是本地计算机上的图像，也可以是位于远端服务器上的图像。地址的表示方法与超链接中的 URL 地址表示方法相同，如 <img src="images/123.jpg">。

问答 2：在浏览器中输入网址时，很多网站都会在前面出现小图标图像，这是怎么制作的？

答：图标是一种特殊的图像文件，它以 .ico 作为扩展名。用户可以使用图标制作软件制作一个小图标，图标的大小为 16×16 像素，放在该网页的根目录下即可。在网页文件的 head 部分加入以下内容。

```
<LINK REL="SHORTCUT ICON" HREF=" http://wangyezhizuo.com/图标文件名">
```

wangyezhizuo.com 就是在浏览器中输入的网址，用户可自行替换。

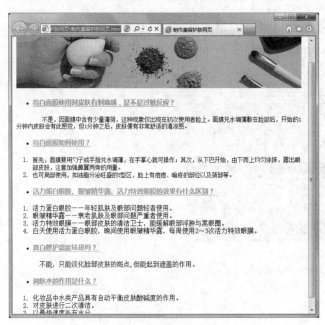

上机实战——制作一个图文网页

本例的最终效果如图 3-14 所示（本例所使用的图像文件所在位置：源文件与素材/素材文件/第 3 章）。

效果展示

图 3-14　网页效果

思路分析

通过图 3-14 的显示效果图可以看到网页被分成两个部分，最上面要插入图像，可以使用 <img> 标签，下半部分输入文字并设置文字排版。

制作步骤

步骤 01　在网页中插入名为 mr.jpg 的图像，示例代码如下。

```
<html>
<head>
<title>制作美容护肤网页</title>
</head>
<body>
<img src="images/mr.jpg">
</body>
</html>
```

步骤 02　在网页中输入文字并设置文字排版，在 <img src="images/mr.jpg"> 下方输入以下代码。

```html
<ul>
  <li><u style="font-size: 16px; font-family: '微软雅黑'; font-weight: bold;
color: #DEA0AD;">亮白面膜使用时皮肤有刺痛感，是不是过敏反应？</u></li>
</ul>
<p>       <span style="font-size: 14px"> 不
是，因面膜中含有少量薄荷，这种现象仅出现在初次使用者脸上。面膜兑水调薄敷在脸部后，开始的1分钟
内皮肤会有此感觉，但1分钟之后，皮肤便有非常舒适的清凉感。</span></p>
<ul>
  <li><u style="font-size: 16px; font-family: '微软雅黑'; font-weight: bold;
color: #E3A7B3;">亮白面膜如何使用？</u></li>
</ul>
<ol>
  <li><span style="font-size: 14px">首先，面膜要用勺子或手指兑水调薄，在手掌心就可操
作；其次，从下巴开始，由下而上均匀涂抹，露出眼部皮肤，注意加强鼻翼两旁的用量。</span></li>
  <li><span style="font-size: 14px">也可局部使用，如油脂分泌旺盛的T区，脸上有痘痘、暗
疮的部位以及颈部等。</span></li>
</ol>
<ul>
  <li><u style="font-size: 16px; font-family: '微软雅黑'; font-weight: bold;
color: #E0A2AF;">活力蛋白眼胶、眼皱精华露、活力特效眼膜的效果有什么区别？</u></li>
</ul>
<ol>
  <li>活力蛋白眼胶——年轻肌肤及眼部问题轻者使用。</li>
  <li>眼皱精华露——衰老肌肤及眼部问题严重者使用。</li>
  <li>活力特效眼膜——眼部皮肤的清洁卫士，能缓解眼部浮肿与黑眼圈。</li>
  <li>白天使用活力蛋白眼胶，晚间使用眼皱精华露，每周使用2～3次活力特效眼膜。</li>
</ol>
<ul>
  <li><u style="font-size: 16px; font-family: '微软雅黑'; font-weight: bold;
color: #E0A2AF;">真白修护霜能祛斑吗？</u></li>
</ul>
<p>       不能，只能淡化脸部皮肤的斑点,但能起到遮盖的作
用。</p>
<ul>
  <li><u style="font-size: 16px; font-family: '微软雅黑'; font-weight: bold;
color: #E0A2AF;">润肤水的作用是什么？</u></li>
</ul>
<ol>
  <li>化妆品中水类产品具有自动平衡皮肤酸碱度的作用。</li>
  <li>对皮肤进行二次清洁。</li>
  <li>以最快速度补充水分。</li>
</ol>
```

步骤03 保存为HTML文件并在浏览器中打开即可。

🌐 **同步训练——将图片设置为网页背景**

下面安排一个同步训练案例（本例所使用的图像文件所在位置：源文件与素材/素材文件/第3章），效果如图3-15所示。

效果展示

图3-15　网页背景

思路分析

设置网页背景可以使用<body background>标签，然后在背景上输入文字即可。

关键步骤

步骤01　新建一个记事本文档，在文档中输入以下代码。

```
<html>
<head>
<title>将图片设置为网页背景</title>
<body background="images/bj.jpg" >
</body>
</head>
<body>
</body>
</html>
```

温馨提示　代码<body background=" "></body>中的" "之间就是设置为背景的图像地址和名称。

步骤02　接下来在背景图像上输入"ENTER"，完整代码如下。

```
<html>
```

```
<head>
<title>将图片设置为网页背景</title>
<body background="images/bj.jpg" style="text-align: center; font-size: 46px;
color: #FFF; font-family: Arial;">
<p> </p>
<p>ENTER</p>
</body>
</head>
<body>
</body>
</html>
```

步骤 03 将以上代码保存为 HTML 文件，在浏览器中打开即可。

📝 知识能力测试

一、填空题

1. 网页中常用的图像格式有 _____、_____、_____。

2. 插入图像的标签是 _____。

3. 分别表示图像高和宽的属性是 _____、_____。通过这两个属性，可以改变图像的大小。如果没有设置图像大小，则图像按照原始大小显示。

二、选择题

1. 文字和图像水平距离的设置通过（　　）属性来完成。

A. hspace   B. vspace   C. img   D. Baseline

2. 图像与文本的中央对齐的属性是（　　）。

A. align=top   B. align=bottom   C. align=middle   D. align=texttop

三、判断题

1. <img src=" ">标签之间的" "中就是要插入图像的宽和高。　　　　（　　）

2. 设置网页背景可以使用<body background>标签。　　　　（　　）

3. 为图像设置超链接需要使用<a href>标签。　　　　（　　）

HTML5+CSS3

第 4 章
HTML 中设置超链接

网页能成为网络中的一员，都是超链接的功劳。如果没有超链接，它就成了孤立文件，无人问津。因此，要学习网站设计，就要学会设置超链接。本章将主要介绍 HTML 中设置超链接的方法。

什么是 URL

超链接是通过引用目标地址链接到某个目标的，这就要用到 URL。URL 全称为 uniform resource locator，即统一资源定位系统，用于指定资源的地址，一般由 3 部分组成，分别为通信协议、存有目标资源的主机域名和目标资源的路径，如图 4-1 所示。

$$http://www.web.com/index1.html$$

通信协议　　　　　　域名　　　　　　　　路径

图 4-1　URL 的组成

通信协议指明目标资源的类型；主机域名一般用于引用外部网站，如百度的域名为 "baidu.com"；目标资源的路径就是它的具体位置，可以使用相对路径或绝对路径。

通信协议一般有以下几种。

- "http://"：用于从服务器传输超文本到本地浏览器的超文本传输通信协议。
- "ftp://"：用于从服务器复制文件或从本地计算机上传文件的文件传输通信协议。
- "maillo:"：表示目标资源是电子邮件。

温馨提示
在同一个站点内使用相对路径引用资源文件时，不用指明通信协议；当引用外部文件时，需要同时指明通信协议与网站地址。例如，在超链接中引用百度首页时，地址必须写为 "http://www.baidu.com"，写为 "www.baidu.com" 将无法访问。

4.2　超链接路径

超链接分为相对链接和绝对链接两种类型。超链接的路径即 URL 地址，完整的 URL 路径为 http://www.snsp.com:1025/support/retail/contents.html#hello。

当制作本地链接（同一个站点内的链接）时，无须指明完整的路径，只需指出目标端点在站点根目录中的路径，或与链接源端点的相对路径。当两者位于同一级子目录中时，只需要指明目标端点的文件名即可。

一个站点中通常有以下 3 种类型的文件路径。

第 1 种：绝对路径（比如 http://www.macromedia.com/support/dreamweaver/contents.html）。

第 2 种：相对文档路径（比如 contents.html）。

第 3 种：站点根目录相对路径（比如 /web/contents.html）。

4.2.1 绝对路径

绝对路径提供链接目标端点所需的完整URL。绝对路径常用于在不同的服务器端建立链接，如希望链接其他网站上的内容，此时就必须使用绝对路径进行链接。

采用绝对路径的优点是它与链接的源端点无关，只要网站的地址不变，不管链接的源文件在站点中如何移动，都能实现正常的链接。

其缺点就是不方便测试链接，如果要测试站点中的链接是否有效，必须在 Internet 服务器上进行测试，并且绝对链接不利于站点文件的移动，当链接目标端点中的文件位置改变后，该文件的所有链接都必须进行改动，否则链接失效。

绝对路径可用于以下几种情况。

第 1 种：网站间的链接，比如 http://www.163.com。

第 2 种：链接 FTP，比如 ftp://192.168.1.11。

第 3 种：文件链接，比如 file://d:/网站 1/web/index1.html。

4.2.2 相对文档路径

相对链接用于在本地站点中的文档间建立链接。使用相对路径时不需给出完整的URL，只需给出源端点与目标端点不同的部分。在同一个站点中都采用相对链接。当链接的源端点和目标端点的文件位于同一父目录下时，只需要指出目标端点的文件名即可，反之，须将不同的层次结构表述清楚，每向上进一级目录，就要使用一次"/"符号。

例如，源端文件cc.htm的地址为…/web/chan/cc.htm，目标端文件cc2.htm的地址为…/web/chan/cc2.htm，它们有相同的父目录web/chan，则它们之间的链接只需要指出文件名cc2.htm即可。但如果链接的目标端文件地址为…/web/chan2/cc2.htm，则链接的相对地址应记为 chan/cc2.htm。

由上可知，相对路径间的相互关系并没有发生变化，因此当移动整个文件夹时就不用更新该文件夹内基于文档相对路径建立的链接。但如果只是移动其中的某个文件，则必须更新与该文件相链接的所有相对路径。

如果是在站点面板中移动文件，系统会提示用户是否更新，此时单击更新按钮即可，无须逐一进行更改。

如果要在新建的文档中使用相对路径，必须在链接前先保存该文档，否则 Dreamweaver 将使用绝对路径。

4.2.3 站点根目录相对路径

站点根目录相对路径是绝对路径和相对路径的折中，它的所有路径都从站点的根目录开始表示，通常用"/"表示根目录，所有路径都从该斜线开始。例如，/web/ccl.htm 中的 ccl.htm 是文件名，web 是站点根目录下的一个目录。

基于根目录的路径适用于站点中的文件需要经常移动的情况。当移动的文件或更名的文件含有基于根目录的链接时，相应的链接不用进行更新。但是，如果移动的文件或更名的文件是基于根目录链接的目标端点时，须对这些链接进行更新。

4.3 设置超链接

在HTML中，使用<a>标签添加超链接，具体格式如下。

<a href="目标地址">载体</a>

其中，href表示目标资源的引用地址，属性值为URL或相对路径。<a>标签必须设置href属性，如果没有指向的目标资源，可使用"#"作为属性值，表示指向当前页面的空链接。

<a>标签还有一个常用的属性target，表示打开目标资源的方式。属性值"_self"是默认值，表示在当前标签页中加载目标资源；"_blank"表示在新的标签页中加载目标资源。

📖 课堂范例——在新窗口中打开网页

本例可以使用<a>标签的_blank属性来制作，具体操作步骤如下。

步骤 01 新建一个记事本文档，在文档中输入以下代码。

```
<html>
<head>
<title>在新窗口中打开网页</title>
</head>
<body>
<a href="http://www.baidu.com" target="_blank">超链接（百度首页）</a>
</body>
</html>
```

步骤 02 将以上代码保存为HTML文件，在浏览器中打开，单击文字，即可在新窗口中打开百度首页，效果如图 4-2 所示。

图 4-2 单击文字打开新的网页

4.4 图像链接

除了链接到网页，<a>标签还可以链接到图像，这种链接称为图像链接，单击图像链接后可在浏览器中全屏查看所链接的图像文件。

 课堂范例——单击小图查看大图

本例制作单击小图、显示大图的效果。具体操作步骤如下（本例所使用的图像文件所在位置：源文件与素材/素材文件/第4章）。

步骤 01 新建一个记事本文档，在文档中输入以下代码。

```html
<html>
<head>
<title>单击小图查看大图</title>
</head>
<body>
<a href="images/大图p2.jpg">
<img src="images/小图p1.jpg" >
</a>
</body>
</html>
```

温馨提示 ····· 代码中，img src="images/小图p1.jpg"表示显示小图，a href="images/大图p2.jpg"表示链接的大图。

步骤 02 将以上代码保存为HTML文件，在浏览器中打开，单击小图像，打开大图像，效果如图4-3所示。

图4-3 单击小图查看大图

4.5 下载链接

当用户希望浏览者从自己的网站上下载资料时，就需要为文件提供下载链接。网站中的每一个下载文件必须对应一个下载链接。当链接的文件不能被浏览器解析时，如压缩文件，单击超链接后将直接下载链接的文件至本地计算机中，这种链接就是下载链接。下载链接与图像链接的写法一样，只不过链接的是压缩文件，代码如下。

```
<a href="images/test.rar"> </a>
```

温馨
提示 下载链接一般指向压缩文件（文件的扩展名为.rar或.zip）和可执行文件（文件的扩展名为.exe或.com）。

4.6 锚点链接

锚点链接是指向同一页面或其他页面中特定元素的链接。例如，在篇幅较长的网页底部设置一个返回顶部的锚点链接，可以通过单击此链接快速回到网页顶部。

在网页中添加锚点链接需要执行如下两步操作。

步骤 01 创建锚点。锚点就是锚点链接所指向的元素，为元素设置id属性后，其属性值即可作为该元素的锚点。

步骤 02 添加链接。锚点链接的href属性值为"#锚点名"，锚点名即目标元素的id属性值，如"href="#p5";"表示链接至当前页面中id属性值为p5的元素。当指向其他页面中的某个元素时，需要在"#"符号前加上页面的名称，如"href="test.html#p1";"。

4.7 电子邮件链接

使用电子邮件链接可以打开客户端浏览器默认的电子邮件应用程序，收件人的邮件地址由电子邮件链接指定，无须手动输入。电子邮件链接的href属性值为"mailto:电子邮件地址"，如"mailto:test@163.com"。

📖 课堂范例——创建电子邮件链接

本例使用href属性值来创建一个电子邮件链接，具体操作步骤如下。

步骤 01 新建一个记事本文档，在文档中输入以下代码。

```
<html>
```

```
<head>
<title>创建电子邮件链接</title>
</head>
<body>
<a href="mailto:123123@sohu.com">联系我们 </a>
</body>
</html>
```

温馨
提示

　代码中，<a href="mailto:123123@sohu.com">联系我们 </a>是为文字"联系我们"添加电子邮件链接，电子
邮件地址为 123123@sohu.com。

步骤 02　将以上代码保存为 HTML 文件，在浏览器中打开，即可看到文字添加了电子邮件
链接，如图 4-4 所示。

图 4-4　添加电子邮件链接

课堂问答

问答1：怎样在新窗口中打开页面？

答：<a>标签有一个属性 target，表示打开目标资源的方式；属性值"_self"是默认值，表示在
当前标签页中加载目标资源；"_blank"表示在新的标签页中加载目标资源。

在新窗口打开页面的代码如下，表示在新窗口中打开网易网站首页。

```
<a href="http://www.163.com" target="_blank">网易首页</a>
```

问答2：下载链接的链接对象一般是什么？

答：下载链接一般指向压缩文件（文件的扩展名为.rar 或.zip）和可执行文件（文件的扩展名
为.exe 或.com）。

上机实战——制作壁纸下载网页

本例的最终效果如图 4-5 所示（本例所使用的图像文件与压缩文件所在位置：源文件与素材/素
材文件/第4章）。

图 4-5 网页效果

思路分析

先输入文字，然后插入图片，最后将文字链接指向壁纸压缩包。

制作步骤

步骤 01 在网页中输入文字并插入图像，代码如下，网页显示效果如图 4-6 所示。

```html
<html>
<head>
<title>制作壁纸下载网页</title>
</head>
<p>下载壁纸</p>
<p><img src="images/fengj.jpg" width="946" height="615"></p>
</body>
</html>
```

图 4-6 网页显示效果

步骤 02 为文字添加下载链接，完整代码如下。

```
<html>
<head>
<meta charset="utf-8">
<title>制作壁纸下载网页</title>
</head>
<p><a href="images/风景壁纸下载.zip">下载壁纸</a></p>
<p><img src="images/fengj.jpg" width="946" height="615"></p>
</body>
</html>
```

温馨
提示
　要在计算机上建立对应的下载压缩包，才能建立下载链接。

步骤 03 将代码保存为 HTML 文件并在浏览器中打开，然后单击"下载壁纸"链接，即可弹出下载对话框。

同步训练——制作回到顶部网页

下面安排一个同步训练案例，效果如图 4-7 所示（本例所使用的图像文件与压缩文件所在位置：源文件与素材/素材文件/第4章）。

效果展示

图 4-7　网页效果

思路分析

本例通过设置锚点链接来制作，先在页面顶端设置锚点，然后在底部设置锚点链接即可。

关键步骤

步骤 01 新建一个记事本文档，在文档中输入以下代码，表示在页面顶部添加锚点。

```
<html>
<head>
<title>回到网页顶部</title>
</head>
<body id="dingbu">
</body>
</html>
```

步骤 02 接下来插入图像，输入文字，代码如下。

```
<html>
<head>
<title>回到网页顶部</title>
</head>
<body id="dingbu">
<p><img src="images/hddb.jpg" width="700" height="394" ><br>
回到顶部</p>
</body>
</html>
```

步骤 03 为文字添加锚点链接，完整代码如下。

```
<html>
<head>
<title>回到网页顶部</title>
</head>
<body id="dingbu">
<p><img src="images/hddb.jpg" width="700" height="394" ><br>
<a href="#dingbu">回到顶部</a></p>
</body>
</html>
```

温馨
提示
<a href="#dingbu">回到顶部</a> 表示为文字"回到顶部"添加锚点链接。

步骤 04 将以上代码保存为HTML文件，在浏览器中打开即可。

📖 知识能力测试

一、填空题

1. 超链接在当前窗口打开页面的属性是 _____。

2. 在网页中添加锚点链接需要执行两步操作，分别是 _____、_____。

二、选择题

1. 下列选项中，是HTML中的超链接标签的有（   ）。

A. <a>...</a>　　　　　B. <img>...</img>　　　C. <font>...</font>　　　D. <p>...</p>

2. 下列选项中，用于设置超链接路径的属性是（　　　）。

A. src　　　　　　　　B. href　　　　　　　C. name　　　　　　　D. title

3. <a href="#">所表示的意义是（　　　）。

A. 表示从当前页面跳转到名为#的页面

B. 表示从当前页面跳转到当前页面中名为#的锚点位置

C. 表示把当前页面命名为#

D. 表示空链接，不做任何跳转

4. 如果要在超链接中设置电子邮件链接，则href属性值可设置为（　　　）。

A. zhangsan@qq.com　　　　　　　　B. mailto:zhangsan@qq.com

C. mailto//zhangsan@gg.com　　　　　　D. #zhangsan@qq.com

HTML5+CSS3

HTML除了可以插入图像，还可以播放音乐和视频等。本章主要介绍插入音频与视频的方法。

5.1 添加音频

制作与众不同、充满个性的网站，一直都是网站制作者不懈努力的目标。除了尽量完善页面的视觉效果、互动功能，如果打开网页的同时，能听到一曲优美动人的音乐，会使网站增色不少。

5.1.1 audio 标签

<audio> 标签可定义声音，比如音乐或其他音频流，其基本语法如下。

```
<audio src="music.mp3"></audio>
```

<audio>的相关属性如下。

- src：设定音乐文件的路径。
- autoplay：音乐文件加载完就自动播放。
- controls：显示播放控件。
- loop：设定无限次播放。
- muted：静音效果，音频即使在播放的时候，也是没有声音的，除非用户手动调整控制面板的音量。
- width/height：设定控制面板的大小。
- hidden=true：隐藏控制面板。

📖 课堂范例——在网页中添加音频文件

本例需要使用<audio>标签来制作，具体操作步骤如下（本例所使用的音频文件所在位置：源文件与素材/素材文件/第5章）。

步骤 01 新建一个记事本文档，在文档中输入以下代码。

```
<html>
<head>
<title>播放音乐</title>
</head>
<body>
<audio src="lzlh.wav" controls></audio>
<p>出现控制面板了，你可以控制它的开与关，还可以调节音量的大小。</p>
</body>
</html>
```

温馨
提示

audio src="lzlh.wav" 中的 lzlh.wav 就是添加到网页中的音频文件。

步骤 02 将以上代码保存为 HTML 文件，在浏览器中打开，效果如图 5-1 所示。

出现控制面板了，你可以控制它的开与关，还可以调节音量的大小。

图 5-1 显示效果

5.1.2 添加自动播放的音频文件

添加自动播放的音频文件需要用到 <audio> 标签的 autoplay 属性，代码如下，效果如图 5-2 所示。

```html
<html>
<head>
<title>自动播放音乐</title>
</head>
<body>
<audio src="mp3.mp3"  autoplay ></audio>
</body>
</html>
```

图 5-2 自动播放音频文件

> 温馨提示
> 代码中的 autoplay 表示自动播放音频文件。

5.1.3 添加循环播放的音频文件

添加循环播放的音频文件需要用到 <audio> 标签的 loop 属性，代码如下，效果如图 5-3 所示。

```html
<html>
<head>
<title>自动播放音乐</title>
</head>
<body>
<audio src="mp3.mp3" loop  controls ></audio>
</body>
</html>
```

图 5-3 循环播放音频文件

> 温馨提示
> 代码中的 loop 表示循环播放音频文件。

5.2 添加视频

大多数视频是通过插件来显示的，然而并非所有浏览器都拥有同样的插件，而且插件是令浏览器崩溃的主要原因之一。HTML5 规定了一种通过 video 元素来显示视频的标准方法，相较以前的插件，不论是对开发者还是使用者来说，都提高了便利性。

5.2.1 video 标签

<video> 标签可用于定义视频，比如电影片段或其他视频流，其基本语法如下。

```
< video src="视频.mp4"></ video >
```

< video > 的相关属性如下。

- src：设定视频文件的路径。
- autoplay：视频文件加载完自动播放。
- controls：显示播放控件。
- loop：设定无限次播放。
- muted：静音效果，视频即使在播放的时候，也是没有声音的，除非用户手动调整控制面板的音量。
- width/height：设定控制面板的大小。
- poster：规定视频下载时显示的图像，或者在用户单击播放按钮前显示的图像。

课堂范例——在网页中添加视频文件

在网页中插入视频文件，需要使用<video>标签，具体操作步骤如下（本例所使用的视频文件所在位置：源文件与素材/素材文件/第 5 章）。

步骤 01 新建一个记事本文档，在文档中输入以下代码。

```
<html>
<head>
<title>添加视频</title>
</head>
<body>
</body>
</html>
```

步骤 02 在 <body> 与 </body> 标签之间输入以下代码。

```
<video src="sp.mp4" width="400" height="500"controls >
</ video >
```

温馨
提示

video src="sp.mp4" 中的 sp.mp4 就是添加到网页中的视频文件。

步骤 03 将以上代码保存为 HTML 文件，在浏览器中打开，效果如图 5-4 所示。

图 5-4 网页效果

5.2.2 为视频添加封面

为视频添加封面需要用到 < video > 标签的 poster 属性，代码如下。

```html
<html>
<head>
<title>为视频添加封面</title>
</head>
<body>
<video src="sp.mp4" poster="fengmian.jpg" width="710" height="430" controls ></
video >
</body>
</html>
```

 温馨
提示

poster="fengmian.jpg" 中的 fengmian.jpg 就是要作为封面的图像。

将以上代码保存为 HTML 文件，然后使用浏览器打开，效果如图 5-5 所示。可以看出，视频添加了封面。单击播放按钮后，视频就进行播放。

 温馨
提示

要添加封面的视频不能使用自动播放属性 autoplay，否则视频加载成功会自动播放，不会显示封面。

图 5-5 浏览效果

👤 课堂问答

问答 1: 插入音频的标签是什么，其基本语法是什么?

答: 插入音频的标签是<audio>，其基本语法如下。

```
<audio src="音频文件名称"></audio>
```

问答 2: 设置网页声音为静音的属性是什么?

答: 设置声音静音的属性是muted，设置后，音频或视频即使在播放的时候，也是没有声音的，除非用户手动调整控制面板的音量。

🖼 **上机实战——制作音乐频道**

本例的最终效果如图 5-6 所示(本例所使用的图像文件与音频文件所在位置: 源文件与素材/素材文件/第 5 章)。

效果展示

图 5-6 网页效果

思路分析

本例可以通过插入图像和音频来制作。先在网页中插入表格，然后在表格中插入图像，最后添加音频文件即可。

制作步骤

步骤 01　新建一个记事本文档，在文档中插入一个表格，并在表格中插入图像，代码如下，效果如图 5-7 所示。

```html
<html>
<head>
<title>制作音乐频道</title>
</head>
<body>
<table width="1040" border="0" align="center" cellpadding="0" cellspacing="0">
  <tr>
    <td width="1040" height="90"><img src="images/yiny1.jpg" width="1041"
height="55"  ></td>
  </tr>
</table>
</body>
</html>
```

图 5-7　插入表格与图像

温馨提示

<table width="1040" border="0" align="center" cellpadding="0" cellspacing="0">表示插入宽度为 1040 像素，边框和间距为 0，并且居中对齐的表格。

img src="images/yiny1.jpg" width="1041" height="55"表示在表格中插入名称为 yiny1 的 JPG 图像，图像宽度为 1041 像素，高为 55 像素。

步骤 02　接下来继续插入表格、图像，添加文字，在</table>标签后输入如下代码，效果如图 5-8 所示。

```html
<table width="1040" border="0" align="center" cellpadding="0" cellspacing="0">
  <tr>
    <td width="324" rowspan="4"><img src="images/yiny2.jpg" width="324"
height="265"  alt=""/></td>
```

```
    <td width="716" height="49" style="font-family: '微软雅黑'; font-size:
24px;">   一首歌</td>
  </tr>
  <tr>
    <td height="31">    <span style="color: #666">专辑：一首歌
</span></td>
  </tr>
  <tr>
    <td style="text-align: center"><img src="images/yiny4.jpg" width="501"
height="57" ></td>
  </tr>
  <tr>
    <td></td>
  </tr>
</table>
```

图 5-8　插入图像并输入文字

温馨
提示

img src="images/yiny4.jpg" width="501" height="57" 表示插入名称为 yiny4 的 JPG 图像，图像的宽度为 501 像素，高度为 57 像素。

步骤 03　在单元格中添加音频文件，代码如下，加粗的部分表示新加入的代码。

```
<tr>
    <td style="text-align: center"><img src="images/yiny4.jpg" width="501"
height="57" ></td>
  </tr>
  <tr>
    <td align="center"><audio src="lzlh.wav"  controls></audio></td>
  </tr>
</table>
```

温馨
提示

加粗的代码表示插入名称为 lzlh 的音频文件，并且居中对齐。

步骤 04　继续插入表格和图像，本例完整代码如下。

```
<html>
<head>
<title>制作音乐频道</title>
</head>
```

```
<body>
<table width="1040" border="0" align="center" cellpadding="0" cellspacing="0">
  <tr>
    <td width="1040" height="90"><img src="images/yiny1.jpg" width="1041"
height="55"  alt=""/></td>
  </tr>
</table>
<table width="1040" border="0" align="center" cellpadding="0" cellspacing="0">
  <tr>
    <td width="324" rowspan="4"><img src="images/yiny2.jpg" width="324"
height="265"  alt=""/></td>
    <td width="716" height="49" style="font-family: '微软雅黑'; font-size:
24px;">   一首歌</td>
  </tr>
  <tr>
    <td height="31">    <span style="color: #666">专辑：一首歌
</span></td>
  </tr>
  <tr>
    <td style="text-align: center"><img src="images/yiny4.jpg" width="501"
height="57" ></td>
  </tr>
  <tr>
   <td align="center"><audio src="lzlh.wav"  controls></audio></td>
  </tr>
</table>
<table width="1040" border="0" align="center" cellpadding="0" cellspacing="0">
  <tr>
    <td width="343" height="66" align="center"><img src="images/yiny3.jpg"
width="213" height="58"  alt=""/></td>
    <td width="697"><img src="images/yiny5.jpg" width="172" height="45"
alt=""/></td>
  </tr>
</table>
</body>
</html>
```

⊕ 同步训练——制作视频频道

下面安排一个同步训练案例，效果如图 5-9 所示（本例所使用的图片文件与视频文件所在位置：
源文件与素材 / 素材文件 / 第 5 章）。

图 5-9　网页效果

思路分析

本例可以通过插入图像和视频来制作。先在网页中插入表格，然后在表格中插入图像，接着添加视频文件，最后为网页设置背景颜色即可。

关键步骤

步骤01　在网页中插入 2 行 1 列的表格，在第 1 行单元格中插入图像，在第 2 行单元格中插入视频，代码如下，效果如图 5-10 所示。

```html
<html>
<head>
<title>制作视频频道</title>
</head>
<body>
<table width="855" border="0" align="center" cellpadding="0" cellspacing="0">
  <tr>
    <td width="855" height="48"><img src="images/sp1.jpg" width="856"
height="48"  alt=""/></td>
  </tr>
  <tr>
    <td align="center"><video src="sp2.mp4" poster="images/spfm.jpg"
width="750" height="430" controls ></video ></td>
  </tr>
</table>
</body>
</html>
```

图 5-10　插入图像与视频

温馨
提示
代码中，<td width="855" height=
"48"><img src="images/sp1.jpg" width=
"856" height="48" alt=""/>与 <td align=
"center"><video src="sp2.mp4" poster=
"images/spfm.jpg" width="750" height=
"430" controls ></video ></td>分别表示在
单元格中插入名称为 sp1 的 JPG 文件与名
称为 sp2 的 mp4 视频文件。

步骤 02　继续插入表格和图像，在</table>下方输入以下代码。

```
<table width="855" border="0" align="center" cellpadding="0" cellspacing="0">
  <tr>
    <td width="500"><img src="images/sp2.jpg" width="133" height="35"/></td>
    <td width="355"><img src="images/sp3.jpg" width="355" height="64"/></td>
  </tr>
</table>
```

温馨
提示
<td width="500"><img src="images/sp2.jpg" width="133" height="35"/></td>与 <td width="355"><img
src="images/sp3.jpg" width="355" height="64"/></td>表示分别在表格单元格中插入名称为 sp2 的 JPG 文件及名称为
sp3 的 JPG 文件。

步骤 03　为网页设置背景颜色，在 <head>与</head>之间输入如下代码。

```
<style type="text/css">
body {
    background-color: #262626;
}
</style>
```

温馨
提示
代码中，background-color: #262626 表示设置背景颜色为#262626，也就是灰黑色。

步骤 04　将代码保存为 HTML 文件并在浏览器中打开即可。

知识能力测试

一、填空题

1. 设定音频控制面板宽和高的属性分别是 _____、_____。

2. 添加循环播放的音频文件需要用到 \<audio> 标签的 _____ 属性。

二、选择题

1. 如果使插入的音频文件带有控件，需要用到 \<audio> 标签的（   ）属性。

A. controls   B. autoplay   C. loop   D. baseline

2. 为插入的视频添加封面的属性是（   ）。

A. top   B. poster   C. src   D. texttop

HTML5+CSS3

第 6 章

HTML 中的表格和表单

　　表格作为传统的 HTML 元素，一直受到网页设计者的青睐。使用表格不仅可以制作简洁美观的数据表，还可以用来做网页布局，是一种非常实用的工具。表单在网页中有很重要的作用，常见的有登录表单、注册表单、网站调查表等。本章将介绍创建表格与表单的方法。

6.1 表格

在网页中可以利用表格来进行页面排版,在表格中插入图片、文本、多媒体元素等网页素材,用表格来设定它们的位置,设置边框、背景等来构建美观的网页。本节将介绍表格的标签、标题、尺寸、间距、内容与格线之间的宽度、数据对齐、跨多行与多列的单元格等知识。

6.1.1 表格的标签

表格是用<table>标签定义的,是HTML中比较重要的标签。表格被划分为行(使用<tr>标签),每行又被划分为数据单元格(使用<td>标签)。td表示"表格数据",即数据单元格的内容。

在HTML5中,表格的基本标签如下。

- <table>...</table>表示定义表格。
- <caption>...</caption>表示定义标题。
- <tr>表示定义表行。
- <th>表示定义表头。
- <td>表示定义表元素,即表格的具体数据。

📖 课堂范例——在网页中插入表格

本例讲述使用HTML5创建表格,并在单元格中输入文字,具体操作步骤如下。

步骤 01 新建一个记事本文档,在文档中输入以下代码。

```
<html>
<head>
<title>简单的表格</title>
</head>
<body>
<table width="300" border="1" >
  <tr>
    <td> </td>
    <td> </td>
    <td> </td>
  </tr>
  <tr>
    <td> </td>
    <td> </td>
    <td> </td>
  </tr>
</table>
</body>
```

```
</html>
```

步骤 02　将以上代码保存为 HTML 文件，在浏览器中打开，可以看到创建了一个简单的 2 行 3 列的表格，如图 6-1 所示。

步骤 03　在表格的单元格中输入文字，完整代码如下。

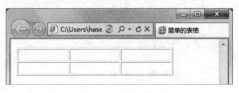

图 6-1　创建表格

```
<html>
<head>
<title>简单的表格</title>
</head>
<body>
<table width="300" border="1" >
   <tr>
     <td>姓名</td>
     <td>性别</td>
     <td>年龄</td>
   </tr>
   <tr>
     <td>刘福</td>
     <td>男</td>
     <td>36</td>
   </tr>
</table>
</body>
</html>
```

步骤 04　将以上代码保存为 HTML 文件，在浏览器中打开，可以看到单元格中已经输入了文字，如图 6-2 所示。

温馨提示　加粗的代码表示在表格第 1 行的 3 个单元格输入文字：姓名、性别、年龄，在表格第 2 行的 3 个单元格中分别输入对应的信息。

图 6-2　输入文字

6.1.2　表格的标题

表格标题可由 align 属性来设置，其位置有表格上方和表格下方之分，表格标题位置的设置语法格式如下。

设置标题位于表格上方：

```
<caption align=top>...</caption>
```

设置标题位于表格下方：

```
<caption align=bottom>...</caption>
```

1. 设置标题位于表格上方

设置标题位于表格上方的代码如下。

```
<html>
<head>
<title>设置标题位于表格上方</title>
</head>
<body>
<table border>
<caption align=top>旅游日程</caption>
<tr>
<th>日期</th><td>9-11</td><td>11-13</td><td>13-14</td>
<tr>
<th>旅游地点</th><td>合肥</td><td>黄山</td><td>南京</td>
</table>
</body>
</html>
```

将以上代码保存为 HTML 文件，然后使用浏览器打开，如图 6-3 所示。

温馨
提示
　<caption align=top>旅游日程</caption> 表示将
文字"旅游日程"置于表格的上方。

图 6-3　标题位于表格上方

2. 设置标题位于表格下方

设置标题位于表格下方的代码如下。

```
<html>
<head>
<title>设置标题位于表格下方</title>
</head>
<body>
<table border>
<caption align=bottom>旅游日程</caption>
<tr>
<th>日期</th><td>9-11</td><td>11-13</td><td>13-14</td>
<tr>
<th>旅游地点</th><td>合肥</td><td>黄山</td><td>南京</td>
```

```
</table>
</body>
</html>
```

将以上代码保存为 HTML 文件，然后使用浏览器打开，如图 6-4 所示。

> **温馨提示**
>
> <caption align=bottom>旅游日程</caption> 表示将文字"旅游日程"置于表格的下方。

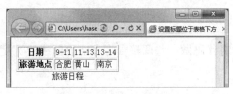

图 6-4　标题位于表格下方

6.1.3　表格的尺寸

一般情况下，表格的总长度和总宽度是根据各行和各列的总和自动调整的，如果要直接固定表格的大小，可以使用如下语法。

```
<table width=n1 height=n2>
```

width 和 height 属性分别指定表格一个固定的宽度和长度，n1 和 n2 可以用像素来表示，也可以用百分比（与整个屏幕相比的大小比例）来表示。

例如，一个高为 500 像素、宽为 450 像素的表格用代码表示为 <table width="450" height="500">；一个宽为屏幕的 20%、高为屏幕的 10% 的表格用代码表示为 <table width=20% height=10%>。

6.1.4　表格的边框尺寸

表格边框的设置是用 border 属性来实现的，它表示表格的边框线的宽度。将 border 设成不同的值，则会有不同的效果。

示例代码如下。

```
<html>
<head>
<title>表格的边框尺寸01</title>
</head>
<body>
<table border=10 width=250>
<caption>入库单</caption>
<tr><th>大米</th><th>面粉</th><th>食用油</th>
<tr><td>500公斤</td><td>400公斤</td><td>200公斤</td>
</table>
</body>
</html>
```

将以上代码保存为 HTML 文件，然后使用浏览器打开，表格效果如图 6-5 所示。

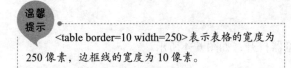

　\<table border=10 width=250\>表示表格的宽度为
250 像素，边框线的宽度为 10 像素。

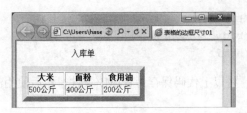

图 6-5　表格效果

将代码做一些调整，将表格边框线的宽度设置为 1，如下所示。

```
<html>
<head>
<title>表格的边框尺寸01</title>
</head>
<body>
<table border=1 width=250>
<caption>入库单</caption>
<tr><th>大米</th><th>面粉</th><th>食用油</th>
<tr><td>500公斤</td><td>400公斤</td><td>200公斤</td>
</table>
</body>
</html>
```

将以上代码保存为 HTML 文件，然后使用浏览器打开，表格效果如图 6-6 所示。

　\<table border=1 width=250\>表示表格的宽度为
250 像素，边框线的宽度为 1 像素。

图 6-6　表格效果

再次对代码进行调整，将表格边框线的宽度设置为 0，如下所示。

```
<html>
<head>
<title>表格的边框尺寸03</title>
</head>
<body>
<table border=0 width=250>
<caption>入库单</caption>
<tr><th>大米</th><th>面粉</th><th>食用油</th>
<tr><td>500公斤</td><td>400公斤</td><td>200公斤</td>
</table>
</body>
</html>
```

将以上代码保存为HTML文件，然后使用浏览器打开，表格效果如图6-7所示。

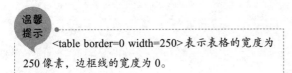 温馨提示　\<table border=0 width=250\>表示表格的宽度为250像素，边框线的宽度为 0。

图 6-7　表格效果

6.1.5　表格的间距调整

单元格与单元格之间的线为格间线，也称为表格的间距，它的宽度可以使用\<table\>标签中的cellspacing属性加以调节，其语法如下。

```
<table cellspacing=n>      （n表示像素值）
```

示例代码如下。

```
<html>
<head>
<title>表格的间距调整</title>
</head>
<body>
<table border=3 cellspacing=5>
<caption>入库单</caption>
<tr><th>大米</th><th>面粉</th><th>食用油</th>
<tr><td>500公斤</td><td>400公斤</td><td>200公斤</td>
</table>
</body>
</html>
```

将以上代码保存为HTML文件，使用浏览器打开，如图6-8所示。

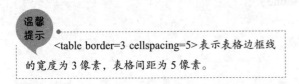 温馨提示　\<table border=3 cellspacing=5\>表示表格边框线的宽度为 3 像素，表格间距为 5 像素。

图 6-8　表格效果

6.1.6　表格内容与格线之间的宽度

在Dreamweaver中，规定内容与格线之间的宽度称为"填充"，可以用\<table\>标签中的cellpadding属性进行设置，其语法格式如下。

```
<table cellpadding=n>      （n表示像素值）
```

示例代码如下。

```
<html>
<head>
<title>内容与格线之间宽度的设置</title>
</head>
<body>
<table border=3 cellpadding=5>
<caption>入库单</caption>
<tr><th>大米</th><th>面粉</th><th>食用油</th>
<tr><td>500公斤</td><td>400公斤</td><td>200公斤</td>
</table>
</body>
</html>
```

将以上代码保存为HTML文件，然后使用浏览器打开，如图6-9所示。

温馨
提示
　　<table border=3 cellpadding=5>表示表格边框
线的宽度为3像素，表格内容与格线之间的宽度为5
像素。

图6-9　表格效果

6.1.7　表格内数据的对齐

表格中数据的排列方式有两种，分别是左右排列和上下排列。左右排列是以align属性来设置，上下排列则由valign属性来设置。其中左右排列的位置可分为3种，分别是"居左（left）""居右（right）"和"居中（center）"；而上下排列比较常用的有4种，分别是"上对齐（top）""居中对齐（middle）""下对齐（bottom）"和"基线对齐（baseline）"。

1. 左右排列

左右排列的语法格式如下。

```
<tr align=#>
<th align=#>
.<td align=#>
```

其中#=left、center或right。

示例代码如下。

```
<html>
```

```
<head>
<title>表格中的左右排列</title>
</head>
<body>
<table border=1 width="200">
<tr>
<th>靠左</th><th>居中</th><th>靠右</th>
<tr>
<td align=left>A</td> <td align=center>B</td> <td align=right>C</td>
</table>
</body>
</html>
```

将以上代码保存为 HTML 文件，然后使用浏览器打开，效果如图 6-10 所示。

图 6-10　表格效果

2. 上下排列

上下排列的语法格式如下。

```
<tr valign=#>
<th valign=#>
<td valign=#>
```

其中 #=top、middle、bottom 或 baseline。

示例代码如下。

```
<html>
<head>
<title>表格中的上下排列</title>
</head>
<body>
<table border=1 width="300" height="300">
<tr>
<th>上对齐</th><th>居中对齐</th> <th>下对齐</th><th>基线对齐</th>
<tr>
<td valign=top>A</td>
<td valign=middle>B</td>
<td valign=bottom>C</td>
<td valign=baseline>D</td>
</table>
</body>
</html>
```

将以上代码保存为 HTML 文件，然后使用浏览器打开，效果如图 6-11 所示。

图 6-11　表格效果

6.1.8　跨多行、多列的单元格

要创建跨多行、多列的单元格，只需在<th>标签或<td>标签中加入rowspan或colspan属性即可，这两个属性值分别表明了单元格要跨越的行数或列数。

1. 跨多列的单元格

跨多列的单元格的语法格式如下。

```
<th colspan=#><td colspan=#>
```

其中colspan表示跨越的列数，如colspan=3表示这一格的宽度为3列。

示例代码如下。

```
<html>
<head>
<title>跨多列的表元</title>
</head>
</html>
<table border>
<tr><th colspan=3>值勤人员 </th>
<tr><th>星期一</th>   <th>星期二</th>   <th>星期三</th>
<tr><td>李霞</td><td>张涛</td><td>刘平</td>
</table>
```

将以上代码保存为HTML文件，然后使用浏览器打开，效果如图 6-12 所示。

图 6-12　表格效果

2. 跨多行的单元格

跨多行的单元格的语法格式如下。

```
<th rowspan=#><td rowspan=#>
```

其中 rowspan 就是指跨越的行数，如 rowspan=3 表示这一格的高度为 3 行。

示例代码如下。

```
<html>
<head>
<title>跨多行的表元</title>
</head>
</html>
<table border>
<tr><th rowspan=2>值班人员</th>
<th>星期一</th><th>星期二</th> <th>星期三</th></tr>
<tr><td>李霞</td><td>张涛</td><td>刘平</td>
</table>
```

将以上代码保存为 HTML 文件，然后使用浏览器打
开，效果如图 6-13 所示。

图 6-13　表格效果

6.2　表单

我们在浏览网页时，经常会遇到要求填写表单的情况。在注册邮箱时所填写的页面就是一个
典型的表单。

6.2.1　表单概述

使用表单能收集网站访问者的信息，比如会员注册信息、意见反馈等。表单的使用需要两个条
件，一是描述表单的 HTML 源代码；二是用于处理用户在表单中输入的信息的服务器端应用程序客
户端脚本，如 ASP、CGI 等。

表单由两部分组成，即表单域和表单对象，如图 6-14 所示。表单域包含处理数据所用的 CGI
程序的 URL 及数据提交到服务器的方法；表单对象包括文本域、密码域、单选按钮、复选框、表单
按钮等。

图 6-14　表单

6.2.2　文本域

文本域通过<input type="text">标签来设定，当用户要在表单中输入字母、数字等内容时，就会用到文本域。

下面举例说明<input type="text">标签的用法。

```
<html>
<head>
<title>文本域</title>
</head>
<body>
<form>
姓名：<input type="text" name="姓名"><br>
邮箱：<input type="text" name="邮箱">
</form>
</body>
</html>
```

将上面这段代码保存为HTML文件，在浏览器中打开，效果如图6-15所示。

姓名：
邮箱：

图6-15　文本域

> 温馨提示
> 浏览网页页面时，表单本身并不可见。在大多数浏览器中，文本域的默认宽度是20个字符。

6.2.3　密码域

密码域通过标签<input type="password">来定义，示例代码如下。

```
密码：<input type="password" name="密码">
```

效果如图6-16所示。

> 温馨提示
> 密码域是特殊类型的文本域，当用户在密码域中输入文本时，所输入的文本被替换为星号或圆点以隐藏该文本，保护这些信息不被他人看到，如图6-17所示。

姓名：
邮箱：
密码：

图6-16　密码域

图6-17　密码域

6.2.4 单选按钮

<input type="radio"> 是用于定义表单单选按钮的标签。单选按钮允许用户在有限的选项中只选择一个，示例代码如下。

```
性别: <input name="gen" type="radio"  value="男" checked />男
<input name="gen" type="radio" value="女" />女
```

checked表示默认选中状态，上述代码效果如图 6-18 所示。

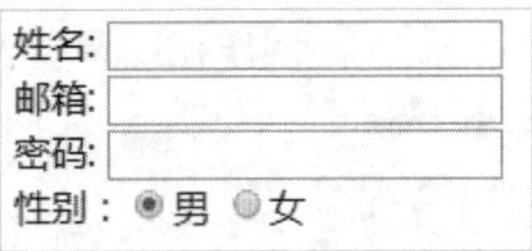

6.2.5 复选框

<input type="checkbox"> 定义了复选框，用户需要从若干给定的选择中选取一个或若干选项，示例代码如下。

图 6-18　单选按钮

```
兴趣: <input type="checkbox" name="interest" value="sports"/>运动
<input type="checkbox" name="interest" value="talk" checked />聊天
<input type="checkbox" name="interest" value="play"/>游戏
```

checked表示默认选中状态，效果如图 6-19 所示。

6.2.6 表单按钮

表单按钮用于控制表单操作，使用表单按钮可以将输入表单的数据提交到服务器，或者重置该表单。

图 6-19　复选框

1. 提交按钮

<input type="submit"> 定义了提交按钮。当用户单击提交按钮时，表单的内容会被传送到另一个文件，示例代码如下。

```
<input type="submit"  name="butSubmit" value="提交">
```

value=" "中的" "之间显示按钮上的文字，效果如图 6-20 所示。

2. 重置按钮

<input type="reset"定义了重置按钮。当用户单击重置按钮时，输入表单的内容不会提交，示例代码如下。

```
<input type="reset"  name="butReset"  value="重置"
```

value=" "中的" "之间显示按钮上的文字，效果如图 6-21 所示。

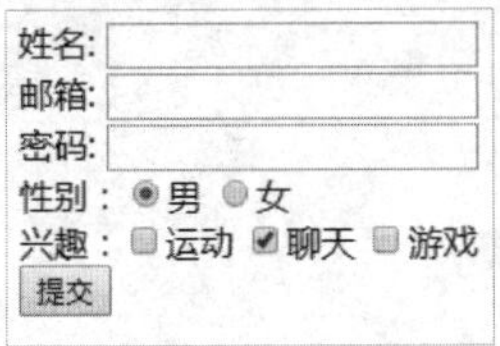

图 6-20　提交按钮

图 6-21　重置按钮

本例制作一个在线调查表，具体操作步骤如下（本例所使用的图像文件所在位置：源文件与素材/素材文件/第6章）。

步骤 01 　新建一个记事本文档，输入如下代码，<form> </form>标签表示插入表单。

```html
<html>
<head>
<title>制作在线调查表</title>
</head>
<body>
<form>
</form>
</body>
</html>
```

步骤 02 　在<form>、</form>标签之间输入以下代码，表示在表单中插入一个8行1列、宽为500像素的表格。

```html
<table width="500" border="0" align="center" cellpadding="0" cellspacing="0">
  <tr>
    <td> </td>
  </tr>
  <tr>
    <td> </td>
  </tr>
  <tr>
    <td> </td>
  </tr>
  <tr>
    <td> </td>
  </tr>
  <tr>
    <td> </td>
  </tr>
  <tr>
    <td> </td>
  </tr>
  <tr>
    <td> </td>
  </tr>
  <tr>
    <td> </td>
  </tr>
</table>
```

步骤 03　在表格第一行单元格中插入一幅图像，代码如下，效果如图 6-22 所示。

```
<td><img src="images/dcb1.jpg" ></td>
```

图 6-22　插入图像

步骤 04　在表格的 2～8 行单元格中分别输入文字和插入表单，完整代码如下。

```
<html>
<head>
<title>制作在线调查表</title>
</head>
<body>
<form>
<table width="500" border="0" align="center" cellpadding="0" cellspacing="0">
  <tr>
    <td><img src="images/dcb1.jpg" width="500" height="130"  alt=""/></td>
  </tr>
  <tr>
    <td height="25" bgcolor="#034951"><span style="font-size: 14px; color:
#FFF;">■ 欧游网站在线调查</span></td>
  </tr>
  <tr>
    <td height="30"><span style="font-size: 12px">你正在使用的欧游网站的服务是?
 
       
       
      <input type="checkbox" name="checkbox5" id="checkbox5" />
      博客     
      <input type="checkbox" name="checkbox" id="checkbox6" />
      邮箱    
      <input type="checkbox" name="checkbox" id="checkbox7" />
      互动社区 </span></td>
  </tr>
  <tr>
```

```
     <td height="30"><span style="font-size: 12px">你从什么途径知道欧游网站的？ 
        
        
        
        
       <input type="checkbox" name="checkbox2" id="checkbox" />
       电视     
       <input type="checkbox" name="checkbox2" id="checkbox2" />
       报纸    
       <input type="checkbox" name="checkbox3" id="checkbox3" />
       网络   
       <input type="checkbox" name="checkbox4" id="checkbox4" />
       户外广告   </span></td>
   </tr>
   <tr>
     <td height="30"><span style="font-size: 12px">你希望我们提供什么新服务？ 
        
        
        
        
        
        
       <input type="checkbox" name="checkbox6" id="checkbox8" />
       游戏系统     
       <input type="checkbox" name="checkbox6" id="checkbox9" />
       旅行游记    
       <input type="checkbox" name="checkbox6" id="checkbox10" />
       订票服务  </span></td>
   </tr>
   <tr>
     <td height="30"><span style="font-size: 12px">你是欧游网站的会员吗？ 
        
        
        
            
        
        
        
        
       <input type="radio" name="radio" id="radio" value="radio" />
       是
               
       <input type="radio" name="radio" id="radio2" value="radio" />
       不是</span></td>
   </tr>
   <tr>
```

```
    <td height="30"><span style="font-size: 12px"> 你对欧游网站的其他意见 
                                                             
           
     
      <textarea name="textarea" id="textarea" cols="30" rows="10"></textarea>
    </span></td>
  </tr>
  <tr>
    <td height="30" align="center"><input type="button" name="button"
id="button" value="提交">
             
      <input type="button" name="button2" id="button2" value="取消">
             </td>
  </tr>
</table>
</form>
</body>
</html>
</body>
</html>
```

步骤 05　将以上代码保存为 HTML 文件，在浏览器中打开，效果如图 6-23 所示。

图 6-23　网页效果

课堂问答

问答 1：表格标题的位置用什么属性来设置？

答：表格标题的位置可用 align 属性来设置，其位置有表格上方和表格下方之分，表格标题位置的设置代码如下。

设置标题位于表格上方：

```
<caption align=top>...</caption>
```

设置标题位于表格下方：

```
<caption align=bottom>...</caption>
```

问答2：表单由什么组成?

答：表单由两部分组成，即表单域和表单对象。表单域包含处理数据所用的CGI程序的URL及数据提交到服务器的方法；表单对象包括文本域、密码域、单选按钮、复选框、表单按钮等。

上机实战——制作导航栏

本例的最终效果如图6-24所示（本例所使用的图像文件所在位置：源文件与素材/素材文件/第6章）。

效果展示

图 6-24　网页效果

思路分析

先用HTML5创建表格和单元格，然后分别在单元格中插入图像即可。

制作步骤

步骤 01　新建一个记事本文档，在文档中输入以下代码，表示插入1行2列，宽为688像素，边框、间距与填充都为0的表格。

```
<html>
<head>
<title>制作导航栏</title>
</head>
<body>
<table width="688" border="0" cellspacing="0" cellpadding="0">
  <tr>
    <td ></td>
    <td ></td>
  </tr>
</table>
</body>
</html>
```

步骤 02　接下来分别在两个单元格中插入图像，完整代码如下。

```html
<html>
<head>
<title>制作导航栏</title>
</head>
<body>
<table width="688" border="0" cellspacing="0" cellpadding="0">
  <tr>
    <td><img src="images/dh1.jpg"></td>
    <td><img src="images/dh2.jpg"></td>
  </tr>
</table>
</body>
</html>
```

步骤 03　将以上代码保存为 HTML 文件，在浏览器中打开即可。

同步训练——制作注册网页

本例的最终效果如图 6-25 所示（本例所使用的图像文件所在位置：源文件与素材/素材文件/第 6 章）。

效果展示

图 6-25　网页效果

本例可以通过表格和表单来制作。先插入表格，在表格中输入文字并插入图像，接着创建表单，最后在表单中创建文本域、密码域、单选按钮等表单对象。

步骤 01　插入一个 3 行 1 列的表格，并在 3 个单元格中输入文字，插入图像和水平线，代码如下，效果如图 6-26 所示。

```html
<html>
<head>
<title>制作注册网页</title>
</head>
<body>
<table width="642" border="0" align="center" cellpadding="0" cellspacing="0">
  <tr>
    <td height="25"><span style="font-size: 12px; color: #666;">当前所在位置：首页
&gt;会员注册&gt;填写信息</span></td>
  </tr>
  <tr>
    <td><img src="images/zc1.png"></td>
  </tr>
  <tr>
    <td><img src="images/zuc2.png"></td>
  </tr>
  <tr>
    <td height="26"><hr align="center" width="642" size="3"hr color=" #ADCF41 "
/></td>
  </tr>
</table>
</body>
</html>
```

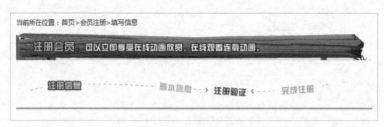

图 6-26　插入网页元素

步骤 02　在网页中插入表单，在表单中插入表格并创建各个表单对象，代码如下。

```html
<form id="form1" name="form1" method="post" action="">
  <table width="642" border="0" align="center" cellpadding="0" cellspacing="0">
```

```
    <tr>
      <td height="45"><span style="color: #4E7512"> <span class="STYLE7"
style="font-size: 12px">用户名</span></span><span class="STYLE7" style="font-
size: 12px"> </span><span class="STYLE7" style="font-size: 12px">
      </span>
        <input name="textfield" type="text" size="30" maxlength="20" />
          <span style="font-size: 12px; color: #4E7512;">不超过20个字符
(数字、字母和下划线)</span></td>
    </tr>
    <tr>
      <td height="45"><span style="color: #4E7512; font-size: 12px;"><span
class="STYLE7"> 密    码</span></span><span class="STYLE7"
style="font-size: 12px">        </span>
        <input name="textfield2" type="password" size="30" maxlength="20" />
          <span style="font-size: 12px; color: #4E7512;">  请输入4-20个英文
字母或数字</span></td>
    </tr>
    <tr>
      <td height="45"><span style="font-size: 12px; color: #4E7512;"> <span
class="STYLE7">确认密码</span></span><span class="STYLE7" style="font-size:
12px">    </span>
        <input name="textfield3" type="password" size="30" maxlength="20" /></
td>
    </tr>
    <tr>
      <td height="30"><hr align="center" width="642" size="3"hr="hr" color="
#ADCF41 " /></td>
    </tr>
    <tr>
      <td height="45"> <span class="STYLE7" style="font-size: 12px">您的出
生日期: </span>
        <select name="select">
          <option>1977</option>
          <option>1978</option>
          <option>1979</option>
          <option selected="selected">1980</option>
          <option>1981</option>
          <option>1982</option>
          <option>1983</option>
          <option>1985</option>
          <option>1986</option>
        </select>
        <span class="STYLE7"> 年
        <select name="select2">
          <option>01</option>
          <option>02</option>
```

```
            <option>03</option>
            <option>04</option>
            <option>05</option>
            <option>06</option>
            <option>07</option>
        </select>
月
<select name="select3">
  <option selected="selected">01</option>
  <option>02</option>
  <option>03</option>
  <option>04</option>
  <option>05</option>
  <option>06</option>
  <option>07</option>
</select>
/span></td>
    </tr>
    <tr>
      <td height="45"> <span class="STYLE71" style="font-size: 12px">性别:
</span>
        <span style="font-size: 12px"><input name="radiobutton" type="radio"
value="radiobutton" checked="checked" />
      <span class="STYLE71"> <span class="STYLE7">男       
      <input name="radiobutton" type="radio" value="radiobutton" />
      女</span></span></span></td>
    </tr>
    <tr>
      <td height="30"><hr align="center" width="642" size="3"hr="hr" color="
#ADCF41 " /></td>
    </tr>
    <tr>
      <td height="45" style="font-size: 12px"><span style="color: #4E7512"><span
class="STYLE7"> 电子邮箱</span></span><span class="STYLE7" style="font-
size: 12px">    </span>
        <input name="textfield4" type="text" size="30" maxlength="20" /></td>
    </tr>
    <tr>
      <td height="45" style="font-size: 12px"> <span style="color:
#4E7512"><span class="STYLE71">联系电话</span></span><span class="STYLE7"
style="font-size: 12px">    </span>
        <input name="textfield5" type="text" size="30" maxlength="14" /></td>
    </tr>
    <tr>
      <td height="30"><hr align="center" width="642" size="3"hr="hr" color="
#ADCF41 " /></td>
```

```
    </tr>
    <tr>
      <td height="47" align="center"><input type="submit" name="Submit"
value="提交" />
                <input type="submit" name="Submit2"
value="取消" /></td>
    </tr>
  </table>
</form>
```

步骤 03　将代码保存为 HTML 文件，在浏览器中打开即可。

知识能力测试

一、填空题

1.表格是用 _____ 标签定义的，是 HTML 中比较重要的标签。

2.表格边框的设置是用 _____ 属性来体现的。

3.表单对象中的文本域通过 _____ 标签来设定。

二、判断题

1.表格与表格之间的线为格间线，也称为表格的间距，它的宽度可以使用 <table> 标签中的 cellspacing 属性加以调节。　　　　　　　　　　　　　　　　　（　　　）

2.<input type="submit"> 定义了表单中的复选框。用户需要从若干给定的选择中选取一个或若干选项。　　　　　　　　　　　　　　　　　　　　　　　（　　　）

三、简答题

1.表格中数据的排列方式有几种？分别是什么？

2.表格的宽度和高度可以用百分比来表示吗？

HTML5+CSS3

第 7 章
CSS 基础知识

　　CSS3 是最新的 CSS 标准。CSS（Cascading Style Sheets，层叠样式表）是一种用来表现HTML文件样式的计算机语言，不仅可以静态地修饰网页，还可以配合各种脚本语言动态地对各个网页元素进行格式化。CSS3 能够对网页中元素位置的排版进行像素级精确控制，支持几乎所有的字体字号样式，拥有对网页对象和模型样式进行编辑的能力。本章将介绍CSS语言的基础知识和在HTML中添加CSS样式表的方法。

7.1　CSS 概述

CSS可以用于控制多个网页的样式。同HTML样式相比，使用CSS样式表不仅可以同时链接多个网页文件，而且当CSS样式表被修改后，所有应用的样式都会自动更新。

7.1.1　什么是CSS

CSS是一组样式，样式中的属性在HTML中依次出现，并显示在浏览器中。样式可以定义在HTML文件的标志（TAG）里，也可以定义在外部附件文件中。如果是附件文件，一个样式表可以用于多个页面，甚至整个站点，因此具有更好的易用性和扩展性。

CSS的每一个样式表由相对应的样式规则组成，使用HTML中的style组件就可以把样式规则加入HTML中。style组件位于HTML的head部分，其中也包含网页的样式规则。由此可见，CSS的语句是内嵌在HTML文档中的，所以编写CSS代码的方法和编写HTML代码的方法是一样的，示例代码如下。

```
<html>
<style type="text/css">
<!--
body {font:11pt "Arial"}
h1 {font:15pt/17pt "Arial"; font-weight:bold; color:maroon}
h2 {font:13pt/15pt "Arial"; font-weight:bold; color:blue}
p {font:10pt/12pt "Arial"; color:black}
-->
</style>
<body>
```

通过创建一个CSS样式表，我们可以将相同的布局和外观应用到多个页面中，因此CSS具有更好的易用性与扩展性。Dreamweaver CC中对样式表的支持达到了一个比较高的程度。通过样式面板可以对网页中的样式表进行管理，其中建立样式表的几种方式将样式表的优点体现得淋漓尽致，而且通过扩展样式表我们可以制作出比较复杂的样式。

7.1.2　CSS 的优越性

CSS样式可以在网页上精确地定位和控制元素的格式属性（如字体、尺寸、对齐方式等），还可以设置位置、特殊效果、鼠标滑过之类的HTML属性。图 7-1 为未使用CSS样式的页面，图 7-2 为使用CSS样式后的页面效果。

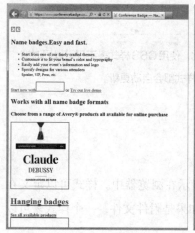

图7-1 未使用CSS样式时的页面　　　　图7-2 使用CSS样式时的页面

具体而言，CSS具有以下几大优越性。

（1）将格式和结构分离。HTML定义了网页的结构和各要素的功能，而CSS样式表通过将定义结构的部分和定义格式的部分分离，使设计者能够对页面的布局施加更多的控制，同时HTML仍可以保持简单明了。CSS代码独立出来从另一个角度控制页面外观。

（2）以前所未有的能力控制页面布局。HTML对页面总体上的控制很有限，如精确定位、行间距或字间距等，这些都可以通过CSS来完成。

（3）制作体积更小、下载更快的网页。CSS样式表只是简单的文本，不需要图像，不需要执行程序，不需要插件。使用CSS样式表可以减少表格标签及其他HTML代码，减少图像用量，从而减少文件大小。

（4）可使许多网页同时更新。没有CSS样式表时，如果想更新整个站点中所有主体文本的字体，必须一页一页地修改网页。利用CSS样式表，可以将站点上所有的网页都指向单一的CSS文件，这样只要修改CSS文件中的某一行，整个站点的网页都会随之修改。

（5）可以使浏览器界面更加友好。CSS样式表的代码有很好的兼容性，也就是说，如果用户丢失了某个插件，网页也不会发生中断，或者使用老版本的浏览器时代码不会出现杂乱无章的情况。只要是可以识别CSS样式表的浏览器就可以应用它。

7.1.3　CSS的基本语法

CSS语句是内嵌在HTML文档内的，所以编写CSS代码的方法和HTML是一样的，可以用任何一种文本编辑工具来编写，比如Dreamweaver、Windows系统中的记事本、写字板及专门的HTML文本编辑工具（UltraEdit）。

CSS的代码都是由一些最基本的语句构成，它的基本语法如下。

```
Selector {property:value}
```

在以上语法中,property:value指的是样式表定义,property表示属性,value表示属性值,属性与属性值之间用冒号隔开,属性值与属性值之间用分号隔开,因此以上语法也可以表示如下。

```
选择符{属性1:属性值1;属性2:属性值2}
```

Selector是选择符,一般是定义HTML标签的样式,比如table、body、p等,示例代码如下。

```
p { font-size:48;font-style:bold ;color:red}
```

这里p用来定义该段落内的格式,font-size、font-style和color是属性,分别定义p中字体的大小(size)、样式(style)和颜色(color),而48、bold、red是属性值,意思是以48pt、粗体、红色的样式显示该段落。

7.1.4 CSS 样式的类型

CSS样式位于文档签之间,其作用范围由class或其他任何符合CSS规范的文本设置。CSS层叠样式表包含以下4种类型。

1. 自定义 CSS 样式

用户可以在文档的任何区域或文本中应用自定义的CSS,如果CSS样式被应用于一个文本块,Dreamweaver 会在文本块标记中添加class属性;如果CSS样式被应用于一个文本的局部,则文本块中将插入一个包含class属性的span标签。以下是一个自定义的CSS样式表代码示例。

```
.fontl {
Font-family: "宋体";
font-size:12px;
color: #FFFF00;
}
```

如下代码为在<div>标签中应用自定义的CSS样式代码。

```
<div id="hezi" class="fontl">content</div>
```

2. 包含特定 id 属性的标签

如果定义包含特定id属性的标签的格式,则这个标签的id属性是唯一的,并且只能应用于一个HTML元素。以下是一个CSS样式定义示例。

```
#box {
font-family: "宋体";
font-size; 12px;
color: #FFFF00;
}
```

该CSS样式表只对页面中id值为"box"的元素生效。

```
<div id="box">content</div>
```

3. 定义 HTML 标签

CSS样式实际上是对现有HTML标签的一种重新定义。

以下是一个CSS样式代码示例，其重新定义Body标签。

```
body {
background-color:#FFFFFF;
background -image: url(images/001 jpg);
background -repeat: repeat-y;
margin: 0px;
}
```

4. 复合内容

当用户创建或改变一个同时影响两个或多个标签、类或ID的复合规则样式表时，所有包含在该标签中的内容将按照定义的CSS样式的格式显示，例如，如果输入<div p>，则<div>标签内的所有p元素都将受此规则影响。"说明文本区域"会说明添加或删除选择器时，该规则将影响哪些元素。

以下是一个CSS样式代码示例。

```
a: link {
 color: #0A5EAF;
 font-family: "宋体";
 text-decoration: none;
}
a: hover {
 color: #D1E93D;
 font-family: "宋体";
 text-decoration: underline;
}
a: visited {
color: #74AC25;
font-family: "宋体";
text-decoration: none;
}
```

7.2 CSS 的语法结构

所有样式表的基础就是CSS规则。每一条规则都是一条单独的语句，它确定应该如何设计及应用样式。所以，样式表由规则列表组成，浏览器用它来确定页面的显示效果。

7.2.1　CSS 属性与选择符号

CSS 的语法结构由三部分组成：选择符（selector）、属性（property）和值（value），简单的 CSS 规则如下所示。

选择符{属性：值}

1. 选择符

指一组样式编码所针对的对象，可以是一个 HTML 标签，如 <body>、<h1>；也可以是定义了特定 id 或 class 的标签，如 #main 选择符表示选择 <div id="main">，即一个名称为 main 的 id 对象。浏览器将对 CSS 选择符进行严格的解析，每一组样式均会被浏览器应用到对应的对象上。

2. 属性

属性是 CSS 样式控制的核心，对于每一个 HTML 中的标签，CSS 提供了丰富的样式属性，如颜色、大小、定位、浮动方式等。

3. 值

指属性的值，形式有两种：一种是指定范围的值，如 float 属性，只可能应用 left、right、none、inherit 四种值；另一种为数值，如 width 能用 0 ～ 9999px（像素）或其他单位来指定。

> **温馨提示**　需要注意的一个重要问题是，CSS 忽略附加空白，就像 HTML 通常所做的那样。这就意味着，只要是支持 CSS 的浏览器，1 个空格与 20 个空格甚至更多，都具有相同的效果。因此，这条规则可以编写为：
>
> ```
> 选择符{
>     属性：值；
> }
> ```

在实际应用中，往往使用以下应用形式。

```
Body{
    Background-color:blue;
}
```

这段代码中的选择符为 body，即选择了页面中的 <body> 标签；属性为 background-color，这个属性用于控制对象的背景色，其值为 blue。通过使用这组 CSS 代码，页面中的 body 对象的背景色被定义为蓝色。

除了定义单个属性，还可以为一个标签定义多个属性，每个属性之间使用分号隔开。示例如下。

```
p{
    Text-align:center;
    Color:black;
    Font-family:宋体;
}
```

p标签被指定了3个样式属性，分别为对齐方式、文字颜色及字体。

同样，一个id或一个class，都能通过相同的形式来编写样式，如下所示。

```
#content{
text-align:center;
color:black;
font-family :"宋体";
}
.title{
Line-height:25px;
Color:blue;
font-family : "宋体";
}
```

7.2.2　类选择符

所谓类选择符，是指以网页中已有的标签类型作为名称的选择符。以下选择符都是类选择符，它们可以控制页面中所有的body、p或span标签。

```
body { }
p{ }
span { }
```

7.2.3　群组选择符

群组选择符除了可以对单个HTML对象进行样式指定，也可以对一组对象进行相同的样式指定，示例代码如下。

```
h1,h2,h3,p,span {
font-size: 12 px;
font-family:"宋体";
}
```

使用逗号对选择符进行分隔，使得页面中所有的h1、h2、h3、p及span标签都具有相同的样式定义。这样做的好处是对于页面中需要使用相同样式的地方，只需要书写一次样式表即可实现，从而减少了代码量，改善了CSS代码的结构。

7.2.4　包含选择符

以下是一个包含选择符的CSS样式表定义代码。

```
h1 span{
font-weight;bold;
}
```

包含选择符指选择符组合中前一个对象包含后一个对象，对象之间使用空格作为分隔符，可用于对某一个对象中的子对象进行样式指定。如上面的CSS代码，对h1下面的span进行样式指定，最后应用到HTML的格式如下。

```
<h1>这里是一段文本<span>这里是span内的文本</span></h1>
<h1>单独的h1</h1>
<span>单独的span</span>
<h2>被h2标签套用的文本 <span>这里是h2下的span</span></h2>
```

h1标签之下的span标签将被应用font-weight:bold的样式设置。注意，这仅仅对有此结构的标签有效，对于单独存在的h1、span或其他非h1标签下属的span均不会应用此样式。

这样做能够帮助设计者避免过多的id及class设置，直接对所需要设置的元素进行设置。

包含选择符除了可以二者包含，也可以多级包含，如以下选择符样式同样能够使用。

```
body h1 span strong {
font-weight:bold;
}
```

7.2.5 id及class选择符

id选择符及class选择符均是CSS提供的由用户自定义标签名称的选择符模式，用户可以使用id及class选择符对页面中的HTML标签名称进行自定义，从而达到扩展及组合HTML标签的目的。例如，对于HTML中的h1标签而言，如果使用id选择符，那么id="p1">及<h1 id="p2">对于CSS来讲是两个不同的元素，从而达到扩展的目的。用户定义名称的方式也有助于用户细化自身的界面结构，使用符合页面需求的名称来进行结构设计，增强代码的可读性。

1. id选择符

id选择符是根据DOM文档对象模型原理出现的选择符类型。对于一个网页而言，其中的每一个标签（或其他对象），均可以使用id=""的形式对id属性进行名称指定，id可以理解为一个标识，在网页中每个id名称只能使用一次，示例代码如下。

```
<div id="main"></div>
```

在这段代码中，HTML中的一个div标签被指定了id名为main。

在CSS样式中，id选择符使用#符号进行标识，如果需要对id为main的标签设置样式，代码格式如下。

```
#main {
font-size:14px; line-height: 16px;
}
```

id的基本作用是对每一个页面中唯一出现的元素进行定义。例如，可以将导航条命名为nav，将网页头部和底部分别命名为header和footer。对于在页面中只出现一次的元素，使用id进行命名具有唯一性的指派含义，有助于代码的阅读及使用。

2. class 选择符

如果说id是对HTML标签的扩展，那么class则是对HTML多个标签的一种组合。class直译为类或类别。在网页设计中，可以对HTML标签使用class=""对class属性进行名称指定。与id不同的是，class允许重复使用，如页面中的多个元素，都可以使用同一个class定义，示例代码如下。

```
<div class="p1"></div>
<hl class="p1"</h1>
<h3 class= "p1"></h3>
```

使用class的好处是，对于不同的HTML标签，CSS可以直接根据class的名称来进行样式指定，示例代码如下。

```
.p1 {
  Margin:10px;
  background-color: blue;
}
```

class在CSS中的语法是使用点符号"."加上class名称，如上例对p1的对象进行了样式指定。无论是什么HTML标签，页面中所有使用了class="p1"的标签均使用此样式进行设置。class也是CSS代码重用性良好的体现。通过使用class选择符，我们可以为多个元素指定相同的样式，而不需要为每一个元素单独编写样式代码。

7.2.6 标签指定式选择符

如果既想使用id或class选择符，也想同时使用标签选择符，可以使用如下格式。

```
h1#main {}
```

以上代码表示针对所有id为main的h1标签。

```
h1.pi {}
```

以上代码表示针对所有class为p1的h1标签。

标签指定式选择符在对标签选择的精确度上介于标签选择符及id/class选择符之间，也是一种常用的选择符形式。

7.2.7 组合选择符

上述所有CSS选择符均可以组合使用。

```
h1.p1 {}
```

以上代码表示 h1 标签下的所有 class 为 p1 的标签。

```
#main h1 {}
```

以上代码表示 id 为 main 的标签下的所有 h1 标签。

```
h1#main h2{}
```

以上代码表示 id 为 main 的 h1 标签下的 h2 标签。

CSS 在选择符的使用上可以说是非常自由,根据页面需求,设计者可以灵活使用各种选择符。

7.2.8 继承选择符

CSS 规则通过继承属性可以应用于多个标签。包含在 CSS 选择器中的 HTML 标签可以继承大多数的 CSS 声明。假设将所有标签 <p> 设置为红色,那么所有包括在 <p>…</p> 标签对中的标签将继承这个属性,也被设置为红色。

继承也可以用在一些包含父子关系的 HTML 标签中,如列表。无论是有序列表(排序,<ol>)还是无序列表(不排序,<ul>),都由许多被 <li> 标签指定的列表项构成。每一个列表项都被认为是父标签 <ol> 或 <ul> 的子标签。示例代码如下。

```
ol {
    color:#FF0000;
}
ul {
    color:#0000FF;
}
```

在上面的示例中,所有排序列表项显示为红色(#FF0000);所有无序列表项则显示为蓝色(#0000FF)。使用这种父子关系的主要好处在于能通过一个 CSS 规则改变整个网页的字体。示例代码如下。

```
body {
    font-family: Verdana, Arial, Helvetica, sans-serif;
}
```

在上例中,之所以能实现这个修改,是因为 <body> 标签已经被认为是页面上所有 HTML 元素的父元素。

7.2.9 伪类与伪对象

伪类及伪对象是一种特殊的类和对象,它由 CSS 自动支持,属于 CSS 的一种扩展类和对象,名称不能被用户自定义,使用时只能按标准格式进行应用。示例代码如下。

```
a: hover {
```

```
background-color:#FFFFFF;
}
```

伪类和伪对象由以下两种形式组成。

- 选择符：伪类。
- 选择符：伪对象。

上面代码中的hover便是一个伪类，用于指定链接标签a的鼠标移上状态。CSS内置了几个标准的伪类用于用户的样式定义，如表 7-1 所示。

表 7-1　伪类与用途

伪类	用途	伪类	用途
:link	设置链接对象被访问前的样式	:focus	设置对象成为输入焦点时的样式
:hover	设置对象在鼠标移上时的样式	:first-child	设置对象的第一个子对象的样式
:active	设置对象从被单击到鼠标释放之间的样式	:first	设置页面的第一页使用的样式
:visited	设置链接对象被访问后的样式		

同样CSS内置了几个标准伪对象用于用户的样式定义，如表 7-2 所示。

表 7-2　伪对象与用途

伪对象	用途	伪对象	用途
:after	设置某一个对象之后的内容	:first-line	设置对象内第一行的样式
:first-letter	设置对象内第一个字符的样式	:before	设置某一个对象之前的内容

实际上，除了用于链接样式控制的几个伪类（如:hover、:active），大多数伪类及伪对象在实际使用中并不常见。设计者所接触到的CSS布局中，大部分是关于排版及样式，对于伪类及伪对象所支持的多类属性基本上很少用到，但是不排除使用的可能。由此也可看出CSS对于样式及样式中对象的逻辑关系、对象组织提供了很多便利的接口。

7.2.10　通配选择符

如果接触过DOS命令或Word中的替换功能，对于通配操作应该不会陌生。通配是指使用字符替代不确定的字，如在DOS命令中，使用*.*表示所有扩展名为bat的文件。因此，所谓的通配选择符，是指可以使用模糊指定的方式来选择对象的选项。CSS的通配选择符使用*作为关键字，示例代码如下。

```
*{
margin:0px;
}
```

"*"表示所有对象，包含所有具有不同id和不同class的HTML标签。使用如上的选择符进行样式定义，页面中所有对象都会使用margin:0px的边界设置。

7.3 添加 CSS 样式表

在HTML中，有多种加入样式表的方法，每种方法都有自己的优点和缺点。随着新的HTML元素和属性的产生，样式表与HTML文档的组合变得更加简单。

7.3.1 链接一个外部的样式表

一个外部的样式表可以通过HTML的link元素连接到HTML文档中，link元素通常放置在文档的head部分。可选的type属性用于指定媒体类型，允许浏览器忽略它们不支持的样式表类型，其基本语法如下。

```
< head>< link rel="stylesheet" href="*.css" type="text/css" media="screen">
< /head>
```

外部样式表不能含有任何像<head>或<style>的HTML标签，样式表仅仅由样式规则或声明组成，1个单独由p { margin:2em }组成的文件就可以用作外部样式表。

*.css是单独保存的样式表文件，其中不能包含<style>标识符，并且只能以.css为后缀。<link>标记也有一个可选的media属性，用于指定样式表被接受的介质或媒体。media表示使用样式表的网页将用什么媒体输出，其选项如下。

- screen（默认）：提交到计算机屏幕。
- print：输出到打印机。
- TV：输出到电视机。
- projection：输出到投影仪。
- aural：输出到扬声器。
- braille：输出到凸字触觉感知设备。
- tty：输出到电传打字机。
- all：输出到所有设备。

如果要输出到多种媒体，可以用逗号分隔取值。

rel属性用于定义连接的文件和HTML文档之间的关系。rel=stylesheet指定一个固定或首选的外部样式表，而rel="alternate stylesheet"定义一个交互样式，固定样式在样式表激活时总被应用。

使用外部样式表可以改变整个网站的外观，而不需要对每一个文件进行单独的样式修改。大多数浏览器会将外部样式表保存在缓冲区，从而避免在载入网页时重新载入样式表。

7.3.2 嵌入一个样式表

一个样式表可以使用 style 元素在文档中嵌入，其基本语法如下。

```
< head>< style type="text/css">< !--样式表的具体内容-->< /style>< /head>
```

示例代码如下。

```
<STYLE TYPE="text/CSS" MEDIA=screen>
<!--
   BODY  { background:url(foo.gif) red; color:black }
   P EM  { background:yellow; color:black }
   .note { margin-left:5em; margin-right:5em }
-->
</STYLE>
```

style 元素放在文档的 head 部分，其 type 属性用于指定媒体类型，link 元素也一样。同样，title 和 media 属性也可以用 style 指定。type="text/css" 表示样式表采用 mime 类型，帮助不支持 CSS 的浏览器过滤掉 CSS 代码，避免在浏览器中直接以源代码的方式显示设置的样式表。但为了保证上述情况不发生，还是有必要在样式表里加上注释标识符 <!--注释内容-->。

7.3.3 联合使用样式表

以 @import 开头的联合样式表的输入方法和链接样式表的方法很相似，但联合样式表输入方式具有更多优势，因为它可以在链接外部样式表的同时，针对该网页的具体情况做出别的网页不需要的样式规则，其格式如下。

```
< head>< style type="text/css">< !--@import "*.css"其他样式表的声明-->< /style>
< /head>
```

示例代码如下。

```
<STYLE TYPE="text/CSS" MEDIA="screen, projection">
<!--
  @import url(http://www.htmlhelp.com/style.CSS);
  @import url(/stylesheets/punk.CSS);
  DT { background:yellow; color:black }
-->
</STYLE>
```

@import 可以在 CSS 中再次引入其他样式表，比如可以创建一个主样式表，在主样式表中再引入其他的样式表。当一个页面被加载的时候，link 引用的 CSS 会同时被加载，而 @import 引用的 CSS 会等到页面全部加载完再被加载。

7.3.4　span 元素

span 允许网页制作者给出一个样式表，但无须加在 HTML 元素之上，也就是说 span 是独立于 HTML 元素的。

span 在样式表中是作为一个标识符使用，也接受 class 和 id 属性，如下所示。

```
<span class="">.....</span>
```

span 是一个内联元素，它的存在纯粹是为了应用样式表，所以当样式表无效时，它的存在也就没有意义了。

7.3.5　div 元素

div 与 span 基本相似，或者说具有 span 所有的功能，此外还具有 span 所不具备的特色。div 和 span 的区别在于 div 是一个块级元素，可以包含独立段落、标题和表格，乃至章节、摘要和备注等；而 span 是内联元素，span 的前后是不会换行的，它没有结构意义，纯粹是应用样式。

其示例代码如下。

```
<div class="mydiv">
<h1>独立的标题</h1>
<p>独立的段落</p>
<table>......</table>
.................
</div>
```

■ 课堂范例——调用外部 CSS 样式表

本例使用 <link> 标签调用一个外部 CSS 样式表，具体操作步骤如下（本例所调用的 CSS 样式表所在位置：源文件与素材 / 素材文件 / 第 7 章）。

步骤 01　打开 Dreamweaver，单击"代码"按钮，进入"代码"视图，如图 7-3 所示。

步骤 02　在 <head>、</head> 标签之间添加如图 7-4 所示的代码。

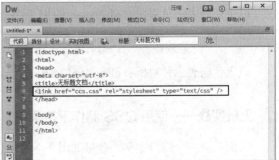

图 7-3　"代码"视图　　　　　　　　　　　图 7-4　添加代码

温馨
提示
在输入的代码中，1ink href="ccs.css" 表示调用的是一个名为 "CSS.css" 的外部 CSS 样式表。

步骤 03 在 \<body>、\</body> 标签之间添加如图 7-5 所示的代码。

步骤 04 保存文件，按 "F12" 键浏览网页，效果如图 7-6 所示。

图 7-5　添加代码

图 7-6　网页效果

课堂问答

问答 1：CSS 的语法结构由几部分组成，分别是什么？

答：CSS 的语法结构由三部分组成，分别是：选择符（selector）、属性（property）和值（value）。

问答 2：如果既想使用 id 或 class 选择符，也想同时使用标签选择符，应该怎么操作？

答：如果既想使用 id 或 class 选择符，也想同时使用标签选择符，可以使用如下代码。

```
h1#main {}
```

以上代码表示针对所有 id 为 main 的 h1 标签。

```
h1 .pi {}
```

以上代码表示针对所有 class 为 p1 的 h1 标签。

上机实战——使用 CSS 制作下拉菜单

下面讲解一个综合案例，效果如图 7-7 所示，使大家对本章的知识有更深入的理解。

图 7-7　网页效果

思路分析

打开 Dreamweaver 的"代码"视图，在"代码"视图中使用 CSS 样式制作下拉菜单，最后输入下拉菜单中显示的文字。

制作步骤

步骤 01　制作下拉菜单框架。打开 Dreamweaver，单击"代码"按钮切换到"代码"视图，在"<title>无标题文档</title>"下方输入如下代码。

```css
<style type="text/css">
* {
padding:0;
margin:0;
}
body {
font-family:verdana, sans-serif;
font-size:small;
}
#navigation, #navigation li ul {
list-style-type:none;
}
#navigation {
margin:40px;
}
#navigation li {
float:left;
text-align:center;
position:relative;
}
#navigation li a:link, #navigation li a:visited {
display:block;
text-decoration:none;
color:#000;
```

```
width:120px;
height:30px;
line-height:30px;
border:1px solid #ECC181;
background:#c5dbf2;
padding-left:10px;
}
#navigation li ul {
display:none;
position:absolut;
top:40px;
left:0;
margin-top:1px;
width:120px;
}
#h{
    position:absolute;
    top:74px;
    left: 40px;
}
</style>
<script type="text/javascript">
function displaySubMenu(li) {
var subMenu = li.getElementsByTagName("ul")[0];
subMenu.style.display = "block";
}
function hideSubMenu(li) {
var subMenu = li.getElementsByTagName("ul")[0];
subMenu.style.display = "none";
}
</script>
```

步骤 02　在下拉菜单框架中添加导航内容，在<body>和</body>标签之间输入如下代码。

```
<div>
 <div >
 <ul id="navigation">
<li onmouseover="displaySubMenu(li1)" onmouseout="hideSubMenu(this)"
id="li1"><a href="#">游戏</a>
        <ul>
            <li><a href="#">枪战游戏</a></li>
            <li><a href="#">跑酷游戏</a></li>
            <li><a href="#">消除游戏</a></li>
        </ul>
```

```
    </li>
    <li onmouseover="displaySubMenu(this)" onmouseout="hideSubMenu(this)"><a
href="#">视频</a>
        <ul>
            <li><a href="#">搞笑视频</a></li>
            <li><a href="#">花鸟视频</a></li>
        </ul>
    </li>
    <li onmouseover="displaySubMenu(this)" onmouseout="hideSubMenu(this)"><a
href="#">音乐</a>
        <ul>
            <li><a href="#">安静</a></li>
            <li><a href="#">动感</a></li>
            <li><a href="#">校园</a></li>
        </ul>
    </li>
    </ul>
    </div>
</div>
```

步骤 03 保存文件即可。

同步训练——制作商品图像特效

最终效果如图 7-8 所示。

效果展示

图 7-8 网页效果

思路分析

打开Dreamweaver的"代码"视图，在"代码"视图中创建CSS样式，最后在样式表中添加图像与文字。

关键步骤

步骤01 切换到"代码"视图，在\<title\>、\</title\>标签之间输入"使用CSS制作边框阴影与折角效果"，如图7-9所示。

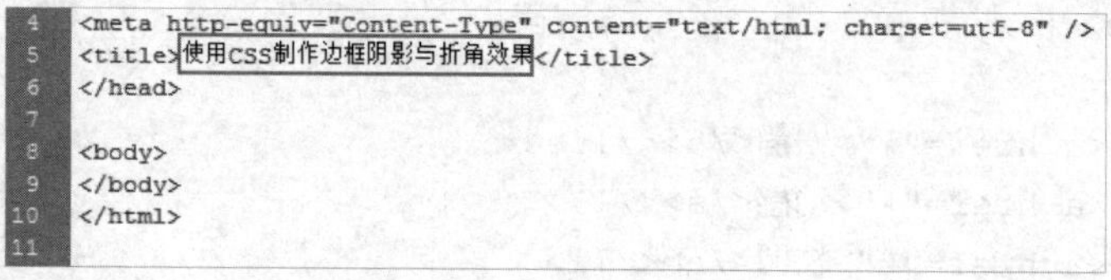

```
4   <meta http-equiv="Content-Type" content="text/html; charset=utf-8" />
5   <title>使用CSS制作边框阴影与折角效果</title>
6   </head>
7
8   <body>
9   </body>
10  </html>
11
```

图7-9　输入文字

步骤02 在页面中插入图像并输入文字。将光标放置于\</title\>标签之后，按Enter键换行，然后输入如下代码。

```
*{margin: 0;padding:0;}
    body {margin: 0; padding: 20px 100px;background-color: #f4f4f4;}
    pre{max-height:200px;overflow:auto;}
    div.demo {overflow:auto;}
    .box {
        width: 300px;
        min-height: 300px;
        margin: 30px;
        display: inline-block;
        background: #fff;
        border: 1px solid #ccc;
        position:relative;
    }
    .box p {
        margin: 30px;
        color: #aaa;
        outline: none;
    }
    .box1{
        background: -webkit-gradient(linear, 0% 20%, 0% 100%, from(#fff),
to(#fff), color-stop(.1,#f3f3f3));
        background: -webkit-linear-gradient(0% 0%, #fff, #f3f3f3 10%, #fff);
        background: -moz-linear-gradient(0% 0%, #fff, #f3f3f3 10%, #fff);
        background: -o-linear-gradient(0% 0%, #fff, #f3f3f3 10%, #fff);
        -webkit-box-shadow: 0px 3px 30px rgba(0, 0, 0, 0.1) inset;
        -moz-box-shadow: 0px 3px 30px rgba(0, 0, 0, 0.1) inset;
        box-shadow: 0px 3px 30px rgba(0, 0, 0, 0.1) inset;
```

```
            -moz-border-radius: 0 0 6px 0 / 0 0 50px 0;
            -webkit-border-radius: 0 0 6px 0 / 0 0 50px 0;
            border-radius: 0 0 6px 0 / 0 0 50px 0;
        }

            .box1:before{
            content: '';
            width: 50px;
            height: 100px;
            position:absolute;
            bottom:0; right:0;
            -webkit-box-shadow: 20px 20px 10px rgba(0, 0, 0, 0.1);
            -moz-box-shadow: 20px 20px 15px rgba(0, 0, 0, 0.1);
            box-shadow: 20px 20px 15px rgba(0, 0, 0, 0.1);
            z-index:-1;
            -webkit-transform: translate(-35px,-40px)     skew(0deg,30deg)
rotate(-25deg);
            -moz-transform: translate(-35px,-40px) skew(0deg,32deg)     rotate(-
25deg);
            -o-transform: translate(-35px,-40px) skew(0deg,32deg)     rotate(-
25deg);
                transform: translate(-35px,-40px) skew(0deg,32deg)     rotate(-
25deg);
        }
            .box1:after{
            content: '';
            width: 100px;
            height: 100px;
            top:0; left:0;
            position:absolute;
            display: inline-block;
            z-index:-1;
            -webkit-box-shadow: -10px -10px 10px rgba(0, 0, 0, 0.2);
            -moz-box-shadow: -10px -10px 15px rgba(0, 0, 0, 0.2);
            box-shadow: -10px -10px 15px rgba(0, 0, 0, 0.2);
            -webkit-transform: rotate(2deg)     translate(20px,25px)
skew(20deg);
            -moz-transform: rotate(7deg) translate(20px,25px) skew(20deg);
            -o-transform: rotate(7deg) translate(20px,25px) skew(20deg);
                transform: rotate(7deg) translate(20px,25px) skew(20deg);
        }
</style>
</head>
<body>
<div class="demo">
<div class="box box1">
  <p><img src="images/v5.jpg" width="242" height="327" /><span style="text-
```

```
align: center"></span>FLOWER商店</p>
</div>
</div>
```

步骤 03　保存文件即可。

知识能力测试

一、填空题

1. CSS 是 Cascading Style Sheets 的简称，也称为 _____。

2. CSS 的每一个样式表由相对应的样式规则组成，使用 HTML 中的 _____ 组件就可以把样式规则加入 HTML 中。

二、判断题

1. 一个外部的样式表可以通过 HTML 的 link 元素连接到 HTML 文档中，link 元素放置在文档的 body 部分。　　　　　　　　　　　　　　　　　　　　　　　（　　）

2. CSS 语句是内嵌在 HTML 文档中的，所以编写 CSS 的方法和编写 HTML 文档的方法是一样的，可以用任何一种文本编辑工具来编写。　　　　　　　　　　　　　（　　）

HTML5+CSS3

第 8 章
CSS 中的属性

从 CSS 的基本语句可以看出，属性是 CSS 非常重要的部分。熟练掌握 CSS 的各种属性会使编辑页面更加方便，本章就来介绍 CSS 中的几种重要属性。

CSS 中的字体及文本控制

文本是网页中的重要元素，下面介绍 CSS 中的字体及文本控制方法。

8.1.1 字体属性

字体属性是最基本的属性，网页制作中经常会用到，它主要包括以下属性。

1. font-family

font-family 是指使用的字体名称，其属性值可以选择本机上所有的字体，基本语法如下。

```
font-family:字体名称
```

示例代码如下。

```
<p style="font-family:Verdana">SPRING</p>
```

这行代码定义了"SPRING"这个单词将以 Verdana 字体显示，如图 8-1 所示。

SPRING

图 8-1 定义字体

如果在 font-family 后加上多种字体的名称，浏览器会按字体名称的顺序逐一在用户的计算机里寻找已经安装的字体，一旦遇到与要求相匹配的字体，就按这种字体显示网页内容并停止搜索；如果不匹配就继续搜索，直到找到为止。如果样式表里的所有字体都没有安装的话，浏览器就会用自己默认的字体来显示网页内容。

2. font-style

font-style 用于定义字体的特殊样式，属性值为 italic（斜体）、bold（粗体）、oblique（倾斜），其基本语法如下。

```
font-style:特殊样式属性值
```

示例代码如下。

```
<p style="font-style:italic"> SPRING </p>
```

这行代码定义了 font-style 属性为斜体，如图 8-2 所示。

SPRING

图 8-2 设置斜体

3. text-transform

text-transform 用于控制字母的大小写。该属性可以使网页的设计者不用在输入文字时就确定字母的大小写，而可以在输入完毕后，根据需要对局部的字母设置大小写，其基本语法如下。

```
text-transform:大小写属性值
```

控制字母大小写的属性值如下。

- uppercase：表示所有文字大写显示。
- lowercase：表示所有文字小写显示。
- capitalize：表示每个单词的首字母大写显示。
- none：不继承母体的文字变形参数。

4. font-size

font-size用于定义字体的大小，其基本语法如下。

```
font-size:字号属性值
```

 温馨提示

字体单位如下。

- point（点）：该单位在所有的浏览器和操作平台上都适用。
- em：相对长度单位，即相对于当前对象内文本的字体尺寸。如果当前对象内文本的字体尺寸未被人为设置，则为相对于浏览器的默认字体尺寸。
- pixels（像素）：该单位适用于所有的操作平台，但可能会因为浏览者的屏幕分辨率不同，而造成显示效果有差异。
- in（英寸）：绝对长度单位，1 in = 2.54 cm = 25.4 mm = 72 pt = 6 pc。
- cm（厘米）：绝对长度单位。
- mm（毫米）：绝对长度单位。
- pc（打印机的字体大小）：绝对长度单位，相当于新四号铅字的大小。
- ex（x-height）：该单位是相对长度单位，相对于字符x的高度，此高度通常为字体尺寸的一半。如果当前对象内的文本的字体尺寸未被人为设置，则为相对于浏览器的默认字体尺寸。

5. text-decoration

text-decoration表示文字的修饰，其主要用途是改变浏览器显示文字链接时的下划线效果，基本语法如下。

```
text-decoration:下划线属性值
```

下划线的属性值如下。

- underline：为文字加下划线。
- overline：为文字加上划线。
- line-through：为文字加删除线。
- blink：使文字闪烁。
- none：不显示任何效果。

8.1.2 文本属性

1. word-spacing

word-spacing表示单词间距，指的是英文单词之间的距离，不包括中文文字，其基本语法如下。

> word-spacing:间隔距离属性值

间隔距离的属性值包括point、em、pixel、in、cm、mm、pc、ex、normal等。

2. letter-spacing

letter-spacing表示字母间距，指英文字母之间的距离。该属性的功能、用法及参数设置和word-spacing很相似，其基本语法如下。

> letter-spacing:字母间距属性值

字母间距的属性值与单词间距相同，包括point、em、pixel、in、cm、mm、pc、ex、normal等。

3. line-height

line-height表示行距，指上下两行基准线之间的垂直距离。一般来说，英文五线格练习本从上往下数的第3条横线就是计算机所认为的该行的基准线，其基本语法如下。

> line-height:行间距离属性值

关于行距的取值，不带长度单位的数字是以1为基数，相当于比例关系的100%；带长度单位的数字以具体单位为准。

如果文字字号很大，而行距相对较小的话，可能会出现上下两行文字重叠的现象。

4. text-align

text-align表示文本水平对齐，该属性可以控制文本的水平对齐，而且并不仅仅指文字内容，也包括图片、影像资料的对齐方式，其基本语法如下。

> text-align:属性值

text-align的属性值分别如下。

- left：左对齐。
- right：右对齐。
- center：居中对齐。
- justify：相对左右对齐。

需要注意的是，text-alight是块级属性，只能用于<p>、<blockquqte>、<ul>、<h*n*>～<h*n*>等标签。

5. vertical-align

vertical-align表示文本垂直对齐。文本的垂直对齐是相对于文本母体的位置而言的，不是指文本在网页里垂直对齐。如果表格的单元格里有一段文本，那么对这段文本设置垂直居中就是针对单元格来衡量的，也就是说文本将在单元格的正中显示，而不是整个网页的正中。其基本语法如下。

> vertical-align:属性值

vertical-align的属性值分别如下。

- top：顶对齐。
- bottom：底对齐。
- text-top：相对文本顶对齐。
- text-bottom：相对文本底对齐。
- baseline：基准线对齐。
- middle：中心对齐。
- sub：以下标的形式显示。
- super：以上标的形式显示。

6. text-indent

text-indent 表示文本的缩进，主要用于中文版式的首行缩进，或是为大段的引用文本和备注设置缩进格式，其基本语法如下。

```
text-indent:缩进距离属性值
```

缩进距离属性值主要是带长度单位的数字或比例关系。

需要注意的是，在使用比例关系的时候，有人会认为浏览器默认的比例是相对段落的宽度而言的，其实并非如此，整个浏览器的窗口才是浏览器默认的参照物。

另外，text-indent 是块级属性，只能用于 <p>、<blockquqte>、<ul>、<h*n*>～<h*n*> 等标签里。

8.2　CSS 中的颜色及背景控制

CSS 中的颜色及背景控制主要是对颜色属性、背景颜色、背景图像、背景图像的重复、背景图像的固定和背景定位这 6 个部分的控制。

8.2.1　对颜色属性的控制

颜色属性允许网页制作者指定一个元素的颜色，基本语法如下。

```
color:颜色参数值
```

颜色参数可以用 RGB 值、16 进制数字色标值或默认颜色的英文名称来表示。以默认颜色的英文名称表示无疑是最为方便的，但由于预定义的颜色种类太少，所以网页设计者通常会用 RGB 值或 16 进制的数字色标值。RGB 值可以用数字的形式精确地表示颜色，是很多图像制作软件（比如 Photoshop）默认使用的。

8.2.2　对背景颜色的控制

在 HTML 当中，要为某个对象加上背景色只有一种方式，即先做一个表格，在表格中设置完背景色，再把对象放进单元格中。这样做比较麻烦，不但代码较多，而且表格的大小和定位也不方便设置，用CSS则可以轻松解决这些问题，且对象的范围广，可以是一段文字，也可以只是一个单词或字母。其基本语法如下。

```
background-color:参数值
```

背景颜色参数值同颜色属性取值相同，可以用RGB值、16进制数字色标值或者默认颜色的英文名称表示，其默认值为transparent（透明）。

8.2.3 对背景图像的控制

对背景图像的控制的基本语法如下。

```
background-image:url（URL）
```

URL就是背景图像的存放路径，如果用none来代替背景图像的存放路径，则不显示图像。用该属性来设置一个元素的背景图像，其代码如下。

```
body { background-image:url(/images/foo.gif) }
p { background-image:url(http://www.htmlhelp.com/bg.png) }
```

8.2.4 对背景图像重复的控制

控制背景图像是否平铺的属性是background-repeat。当属性值为no-repeat时，不重复平铺背景图像；当属性值为repeat-x时，图像只在水平方向上平铺；当属性值为repeat-y时，图像只在垂直方向上平铺。也就是说，结合背景定位的控制，可以在网页上的某处单独显示一幅背景图像，其基本语法如下。

```
background-repeat:属性值
```

如果不指定背景图像重复的属性值，浏览器默认背景图像在水平、垂直两个方向上同时平铺。

8.2.5 背景图像固定控制

背景图像固定属性用于控制背景图像是否随网页的滚动而滚动。如果不设置背景图像固定属性，浏览器默认背景图像会随着网页的滚动而滚动。其基本语法如下。

```
background-attachment:属性值
```

当属性值为fixed时，网页滚动时背景图片相对于浏览器的窗口固定不动；当属性值为scroll时，网页滚动时背景图片将随着浏览器的窗口一起滚动。

8.2.6　背景定位

背景定位用于控制背景图片在网页中的显示位置，其基本语法如下。

```
background-position:属性值
```

其属性值具体如下。

- top：相对前景对象顶对齐。
- bottom：相对前景对象底对齐。
- left：相对前景对象左对齐。
- right：相对前景对象右对齐。
- center：相对前景对象中心对齐。

> **温馨提示**
>
> 属性值中的 center 如果用在另外一个属性值的前面，表示水平居中；如果用在另外一个属性值的后面，表示垂直居中。

📖 课堂范例——设置网页背景图像

本例使用 CSS 的 background-image:url 语法来为网页设置背景图像，具体操作步骤如下（本例所使用的图像文件所在位置：源文件与素材/素材文件/第 8 章）。

步骤 01 打开 Dreamweaver，单击 "代码" 按钮，进入 "代码" 视图，在 <head>、</head> 标签之间添加如下代码。

```
<style type="text/css">
```

步骤 02 继续添加如下代码，表示将名称为 hy 的 JPG 图像设置为网页背景，"代码" 视图如图 8-3 所示。

```
body { background-image:url(images/hy.jpg) }
```

```
<!doctype html>
<html>
<head>
<meta charset="utf-8">
<title>无标题文档</title>
<style type="text/css">
body { background-image:url(images/hy.jpg) }
</head>

<body>
</body>
</html>
```

图 8-3　"代码" 视图

步骤 03 保存文件，按 "F12" 键在浏览器中打开，效果如图 8-4 所示。

图 8-4　网页效果

8.3 CSS 中方框的控制属性

CSS 样式表规定了一个容器（BOX），它包括了对象本身、边框空白、对象边框、对象间隙 4 个方面所有可操作的样式，如图 8-5 所示。

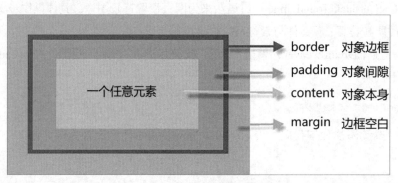

图 8-5　容器

8.3.1 边框空白

边框空白位于 BOX 模型的最外层，包括 4 个属性，分别如下。

- margin-top：顶部空白距离。
- margin-right：右边空白距离。
- margin-bottom：底部空白距离。
- margin-left：左边空白距离。

空白的距离可以用带长度单位的数字表示。如果使用上述属性的简化方式 margin，可以在其后连续加上 4 个带长度单位的数字，设置元素相应边与框边缘之间的相对或绝对距离，其有效单位为

mm、cm、in、pixels、pt、pica、ex和em。

可以使用父元素宽度的百分比来设置边界尺寸，或者使用auto（自动）取浏览器的默认边界，分别表示margin-top、margin-right、margin-bottom、margin-left，每个数字中间要用空格分隔，示例代码如下。

```
<html>
<head>
<title>CSS示例</title>
<meta http-equiv="Content-Type" content="text/html; charset=gb2312">
</head>
<body bgcolor="#FFFFFF">
<p style="BACKGROUND:gray;FONT-SIZE:20pt;MARGIN-TOP:1em"title="margin-
top:1em;font-size:20pt;background:gray">网页制作</p>
<p style="BACKGROUND:lightgreen;FONT-SIZE:16pt;MARGIN-LEFT:70px;MARGIN-
RIGHT:50px"title="margin-left:70px;margin-right:50px;font-size:16pt;
background:lightgreen">网页设计</p>
</body>
</html>
```

将以上代码保存，使用浏览器打开，效果如图8-6所示。

接下来再使用百分比设置边界尺寸，将顶部空白距离设置为1%，将左边空白距离设置为1%，示例代码如下。

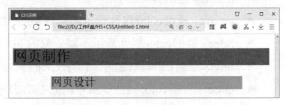

图8-6 边框空白

```
<html>
<head>
<title>CSS示例</title>
<meta http-equiv="Content-Type" content="text/html; charset=gb2312">
</head>
<body bgcolor="#FFFFFF">
<p style="background:lightgreen;margin-top:1%";margin-left: 1%;background:
lightgreen">网页设计</p>
</body>
</html>
```

将以上代码保存，使用浏览器打开，效果如图8-7所示。

图8-7 段落边界

8.3.2 对象边框

对象边框位于边框空白和对象间隙之间，包括7项属性，分别如下。

- border-top：顶边框宽度。

- border-right：右边框宽度。
- border-bottom：底边框宽度。
- border-left：左边框宽度。
- border-width：所有边框宽度。
- border-color：边框颜色。
- border-style：边框样式参数。

其中 border-width 可以一次性设置所有的边框宽度。用 border-color 同时设置 4 条边框的颜色时，可以连续写上 4 种颜色并用空格分隔，连续设置的边框都是按 border-top、border-right、border-bottom、border-left 的顺序设置的。border-style 相对别的属性而言稍复杂些，因为它还包括多个边框样式的参数，具体如下。

- none：无边框。
- dotted：边框为点线。
- dashed：边框为虚线。
- solid：边框为实线。
- double：边框为双线。
- groove：根据 color 属性显示不同效果的 3D 边框。
- ridge：根据 color 属性显示不同效果的 3D 边框。
- inset：根据 color 属性显示不同效果的 3D 边框。
- outset：根据 color 属性显示不同效果的 3D 边框。

8.3.3　对象间隙

对象间隙即填充距，指的是文本边框与文本之间的距离，位于对象边框和对象之间，包括如下 4 种属性。

- padding-top：顶部间隙。
- padding-right：右边间隙。
- padding-bottom：底部间隙。
- padding-left：左边间隙。

和 margin 类似，也可以用 padding 一次性设置所有的对象间隙，格式和 margin 相似，这里就不再一一列举。

8.4　CSS 中的分类属性

在 HTML 中，用户无须使用前面提到的一些字体、颜色、容器属性来对字体、颜色、边距、填充距等进行初始化，因为在 CSS 中已经提供了专用分类属性。

8.4.1　显示控制样式

显示控制样式的基本语法如下。

`display:属性值`

属性值为block（默认）时，是在对象前后都换行；为inline时，是在对象前后都不换行；为list-item时，是在对象前后都换行且增加项目符号；none表示无显示。

8.4.2　空白控制样式

空白属性决定如何处理元素内的空格，其基本语法如下。

`white-space:属性值`

属性值为normal时，把多个空格替换为一个来显示；属性值为pre时，按输入显示空格；属性值为nowrap时，禁止换行。需要注意的是，write-space也是一个块级属性。

8.4.3　列表项前的项目编号控制

列表项前面的项目编号的基本语法如下。

`list-style-type:属性值`

其属性值如下。

- none：无强调符。
- disc：碟形强调符（实心圆）。
- circle：圆形强调符（空心圆）。
- square：方形强调符（实心）。
- decimal：十进制数强调符。
- lower-roman：小写罗马数字强调符。
- upper-roman：大写罗马数字强调符。
- lower-alpha：小写希腊字母强调符。
- upper-alpha：大写希腊字母强调符。

示例代码如下。

```
LI.square  { list-style-type:square }
UL.plain   { list-style-type:none }
OL         { list-style-type:upper-alpha }  /* A B C D E etc. */
OL OL      { list-style-type:decimal }      /* 1 2 3 4 5 etc. */
OL OL OL   { list-style-type:lower-roman }  /* i ii iii iv v etc. */
```

8.4.4 在列表项前加入图像

在列表项前加入图像的基本语法如下。

```
list-style-image:属性值
```

其属性值为url时，加入图像的URL地址；属性值为none时，不加入图像。示例代码如下。

```
UL.check { list-style-image:url(/LI-markers/checkmark.gif) }
UL LI.x  { list-style-image:url(x.png) }
```

8.4.5 目录样式位置

目录样式位置的基本语法如下。

```
list-style-position:属性值
```

这个属性用于设置强调符的缩排或伸排，可以让强调符突出于清单以外或与清单项目对齐。目录样式位置属性可以取值inside（内部缩排，将强调符与清单项目内容左边界对齐）或outside（外部伸排，强调符突出到清单项目内容左边界以外）。其中outside是默认值。整个属性决定目录项的标记应放在哪里。如果使用inside，换行会移到标记下，而不是缩进。示例代码如下。

```
Outside rendering:
* List item 1
second line of list item
Inside rendering:
* List item 1
second line of list item
```

8.4.6 目录样式

目录样式属性是用来设置列表项的样式的，它包括列表项的目录样式类型、目录样式位置和目录样式图像属性，其基本语法如下。

```
list-style:属性值
```

示例代码如下所示。

```
LI.square { list-style:square inside }
UL.plain  { list-style:none }
UL.check  { list-style:url(/LI-markers/checkmark.gif) circle }
OL        { list-style:upper-alpha }
OL OL     { list-style:lower-roman inside }
```

下面来看一个例子。

```
<html>
<head>
<title> fenji css </title>
<style type="text/css">//*定义CSS*//
<!—
p{display:block;white-space:normal}
em{display:inline}
li{display:list-item;list-style:square}
img{display:block}
</style>
</head>
<body>
<ul><li>风景图片库 </li>
<li>动漫图片库 </li> <li>汽车图片库</li> </ul>
<p><img src="images/hh.jpg" width="300" height="200"
alt= "invisible" ></p>
</body>
</html>
```

上述代码的显示效果如图 8-8 所示。

8.4.7 控制鼠标光标属性

当把鼠标光标移动到不同的地方时，当鼠标光标需要实现不同的功能时，或当系统处于不同的状态时，都会使光标的形状发生改变。在CSS当中，这种样式是通过cursor属性来实现的，其基本语法如下。

图 8-8　显示效果

```
cursor:属性值
```

其属性值为auto、crosshair、default、hand、move、help、wait、text、w-resize、s-resize、n-resize、e-resize、ne-resize、sw-resize、se-resize、nw-resize、pointer和url。部分属性值的形状如下。

- style="cursor:hand"：手形。
- style="cursor:crosshair"：十字形。
- style="cursor:text"：文本形。
- style="cursor:wait"：沙漏形。
- style="cursor:move"：十字箭头形。
- style="cursor:help"：问号形。
- style="cursor:e-resize"：右箭头形。
- style="cursor:n-resize"：上箭头形。
- style="cursor:nw-resize"：左上箭头形。

- style="cursor:w-resize"：左箭头形。
- style="cursor:s-resize"：下箭头形。
- style="cursor:se-resize"：右下箭头形。
- style="cursor:sw-resize"：左下箭头形。

下面将鼠标光标设置为不同的形状，代码如下。

```
<html>
    <head>
    <title>changemouse</title>
    </head>
    <body>
    <h1 style="font-family:宋体">鼠标效果</h1>
    <p style="font-family:黑体;font-size:16pt;color:red">
    请把鼠标移到相应的位置观看效果。</p>
    <div style="font-family:行书体;font-size:24pt;color:green;">
    <p><span style="cursor:hand">手的形状</span><br><br>
    <span style="cursor:move">移动</span><br><br>
    <span style="cursor:ne-resize">反方向</span><br><br>
    <span style="cursor:wait">等待</span><br><br>
    <span style="cursor:help">求助</span>
    </p>
    </div>
    </body>
</html>
```

将代码保存为 HTML 文件并用浏览器打开，效果如图 8-9 所示。

图 8-9　设置光标形状效果

当鼠标光标移动到相应的位置时，光标就会发生相应的变化。

课堂问答

问答 1：用于控制字母大小写的属性是什么？

答：text-transform 用于控制字母的大小写。

问答 2：控制网页背景图像是否重复的属性是什么？

答：控制背景图像是否平铺的属性是 background-repeat。当属性值为 no-repeat 时，不重复平铺背景图像；当属性值为 repeat-x 时，图像只在水平方向上平铺；当属性值为 repeat-y 时，图像只在垂直方向上平铺。也就是说，结合背景定位的控制，可以在网页上的某处单独显示一幅背景图像，其基本语法如下。

```
background-repeat:属性值
```

如果不指定背景图像重复的属性值，浏览器默认背景图像在水平、垂直两个方向上同时平铺。

上机实战——使用 CSS 制作文字特效

本例效果如图 8-10 所示。

效果展示

图 8-10　网页效果

思路分析

打开 Dreamweaver 的"代码"视图，在"代码"视图中使用 CSS 为网页设置背景图像，最后制作文字特效。

制作步骤

步骤 01　打开 Dreamweaver，单击"代码"按钮切换到"代码"视图，然后在 \<title\>无标题文档\</title\>标签下方输入如下代码，表示为网页设置背景图像。

```
<style type="text/css">
body {
    background-image: url(images/bj1111.jpg);
    background-repeat: no-repeat;
}
</style>
```

步骤 02   在<body>和</body>标签之间输入如下代码。

```
<style type="text/css">
<!--
a {
    float:left;
    margin:5px 1px 0 1px;
    width:20px;
    height:20px;
    color:#FFF;
    font:12px/20px 宋体;
    text-align:center;
    text-decoration:none;
    border:1px solid orange;
    }
a:hover {
    position:relative;
    margin:0 -9px 0 -9px;
    padding:0 5px;
    width:30px;
    height:30px;
    font:bold 16px/30px 宋体;
    color:#000;
    border:1px solid black;
    background:#eee;
    }
-->
</style>
<div>
<a href="#">跟</a>
<a href="#">着</a>
<a href="#">漫</a>
<a href="#">游</a>
<a href="#">网</a>
<a href="#">去</a>
<a href="#">世</a>
<a href="#">界</a>
<a href="#">各</a>
<a href="#">地</a>
</div>
```

步骤 03 保存文件，打开网页浏览即可。

同步训练——制作导航特效

下面安排一个同步训练案例，效果如图 8-11 所示。

效果展示

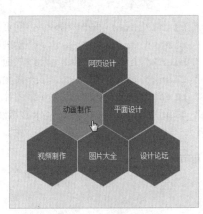

图 8-11 网页效果

思路分析

打开 Dreamweaver 的"代码"视图，然后在"代码"视图中使用 CSS 样式为网页制作导航块，最后在导航块中添加导航文字。

关键步骤

步骤 01 切换到"代码"视图，在 <head>、</head> 标签之间输入如下代码，制作六边形导航块。

```
<style>
.wrap{margin:100px;width:303px;}
.nav{width:100px;height:58px;background:#339933;display:inline-
block;position:relative;line-height:58px;text-align:center;color:#ffffff;font-
size:14px;text-decoration:none;float:left;margin-top:31px;margin-right:1px;}
.nav s{width:0;height:0;display:block;overflow:hidden;position:absolute;bord
er-left:50px dotted transparent;border-right:50px dotted transparent;border-
bottom:30px solid #339933;left:0px;top:-30px;}
.nav b{width:0;height:0;display:block;overflow:hidden;position:absolute;bord
er-left:50px dotted transparent;border-right:50px dotted transparent;border-
top:30px solid #339933;bottom:-30px;left:0px;}
.a0{margin-left:100px;}
.a1{margin-left:50px;}
.nav:hover{background:#8CBF26;color:#333333;}
.nav:hover s{border-bottom-color:#8CBF26;}
```

```
.nav:hover b{border-top-color:#8CBF26;}
body {
    background-color: #EEEEEE;
}
</style>
```

步骤 02 接下来在导航块中添加文字，在<body>和</body>标签之间输入如下代码。

```
<div class="wrap">
<a class="nav a0" target="_blank" href="#"><s></s>网页设计<b></b></a>
<a class="nav a1" target="_blank" href="#"><s></s>动画制作<b></b></a>
<a class="nav a2" target="_blank" href="#"><s></s>平面设计<b></b></a>
<a class="nav a3" target="_blank" href="#"><s></s>视频制作<b></b></a>
<a class="nav a4" target="_blank" href="#"><s></s>图片大全<b></b></a>
<a class="nav a5" target="_blank" href="#"><s></s>设计论坛<b></b></a>
</div>
```

步骤 03 保存文件后浏览即可。

知识能力测试

一、填空题

1. 在CSS中，控制鼠标光标样式的属性是 _____。

2. 在列表项前加入图像的基本语法是 _____。

二、判断题

1. 为文字添加下划线的属性是word-spacing。 （   ）

2. 网页背景颜色的值可以用RGB值、16进制数字色标值或默认颜色的英文名称表示。（   ）

HTML5+CSS3

　　表格和表单在网页设计中起着非常重要的作用，它们能帮助设计师制作出赏心悦目且实用的网页。本章介绍使用CSS设置表格和表单样式的方法与技巧。

9.1 使用 CSS 设置表格样式

在网页设计中，表格是一个非常重要的元素。原始的表格样式会显得很单调，因此我们需要通过 CSS 来美化表格，从而增强网页的吸引力。本节就介绍表格的颜色、边框、内边距等样式的设置方法。

9.1.1 设置表格背景颜色

在表格中，既可以为整个表格填充背景颜色，也可以为任何一行或一个单元格设置背景色。如图 9-1 所示，深色为整个表格的背景颜色，浅灰色为第 2 行单元格的背景颜色，白色为第 4 行第 2 个单元格的背景颜色。

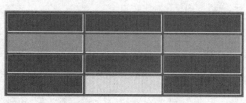

图 9-1 设置表格背景颜色

在 HTML 中，表格是用 \<table\> 标签定义的，这是 HTML 中比较重要的标签。表格被划分为行（使用 \<tr\> 标签），每行又被划分为数据单元格（使用 \<td\> 标签）。td 表示"表格数据"，即数据单元格的内容。数据单元格可以包含文本、图像、列表、段落、表单、水平线等。

在 HTML 中，表格的基本标签如表 9-1 所示。

表 9-1 表格的基本标签

标签名称	具体含义	重要程度
\<table\>...\</table\>	表示定义表格，该标签必须成对使用	高
\<caption\>...\</caption\>	表示定义表格的标题，该标签必须成对使用	高
\<tr\>	表示定义表格的行	高
\<th\>	表示定义表头，也就是表格中需要加粗显示内容的单元格	高
\<td\>	表示定义表元素，即表格中单元格的具体数据	高

下面介绍设置表格颜色的具体方法。

步骤 01 新建一个记事本文档，在文档中输入以下代码。

```
<html>
<head>
<title>无标题文档</title>
</head>
<body>
<table border="1" align="center">          /*设置表格边框粗细与对齐方式*/
 <caption align=top>优秀员工</caption>      /*设置表格标题*/
  <tr>
```

```
        <th>姓名</th>                        /*定义表头*/
        <th>年龄</th>
        <th>性别</th>
        <th>民族</th>
        <th>学历</th>
    </tr>
    <tr>                                   /*定义表格其他单元格*/
        <td>杨红</td>
        <td>27</td>
        <td>女</td>
        <td>汉</td>
        <td>硕士</td>
    </tr>
    <tr>
        <td>刘明</td>
        <td>26</td>
        <td>男</td>
        <td>汉</td>
        <td>大专</td>
    </tr>
    <tr>
        <td>张强</td>
        <td>32</td>
        <td>男</td>
        <td>汉</td>
        <td>本科</td>
    </tr>
    <tr>
        <td>李小刚</td>
        <td>28</td>
        <td>男</td>
        <td>汉</td>
        <td>本科</td>
    </tr>
    <tr>
        <td>齐红</td>
        <td>29</td>
        <td>女</td>
        <td>汉</td>
        <td>本科</td>
    </tr>
    <tr>
        <td>李顺</td>
        <td>27</td>
        <td>男</td>
        <td>汉</td>
```

```
    <td>大专</td>
  </tr>
</table>
</body>
</html>
```

将以上代码保存为HTML文件，在浏览器中打开，效果如图9-2所示，该表格是一个没有任何CSS修饰的表格。

> **温馨提示**
>
> 表格标题的位置可由align属性来设置，其位置可以在表格上方或表格下方，图9-2中的标题位于表格的上方。若需要标题位于表格的下方，将<caption align=top>...</caption>改为<caption align=bottom>...</caption>即可，效果如图9-3所示。

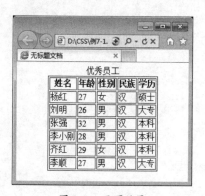

图9-2　网页效果

图9-3　标题居下效果

步骤02 在上述代码的<head>标签内添加<style type="text/css">标签，定义一个内部样式表，然后继续添加以下内容。

```
th
  {
  background-color:green;          /*定义表头的背景颜色*/
  color:white;                     /*定义表头的文字颜色*/
  }
</style>
```

此时表格的效果如图9-4所示，可以看到表格第1行单元格（也就是<th>标签中的表头）的背景颜色变成绿色，文字颜色变成白色。

如果需要给其他的单元格设置背景颜色，可以继续添加以下代码。

```
tr
  {
  background-color: #0CF;
```

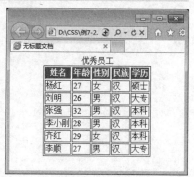

图9-4　更改颜色

```
color: #333;
    }
```

温馨
提示
代码中，background-color: #0CF 表示定义其他单元格的背景颜色为蓝色；color: #333 表示定义其他单元格的文字颜色为深灰色。

此时表格的效果如图 9-5 所示，可以看到表格的其他单元格（也就是 <td> 标签中的普通单元格）背景颜色变成蓝色，文字颜色变成深灰色。

表格元素的颜色值和文本的颜色值一样。例如，表 9-2 中的颜色值既可以用英文名称表示，也可以用#作为前缀的色标值（6 位色标值或 3 位色标值）表示，可以将 color:green 用 color=#008000 或 color=#080 来替换，效果是一样的。

图 9-5　更改其他单元格颜色

表 9-2　颜色值

颜色	6 位色标值	3 位色标值	颜色	6 位色标值	3 位色标值
black	#000000	#000	orange	#FF9900	#F90
green	#008000	#080	red	#FF0000	#FF0
lime	#00FF00	#0F0	blue	#0000FF	#00F
white	#FFFFFF	#FFF	fuchsia	#FF00FF	#F0F
yellow	#FFFF00	#FF0	pink	#FFCCCC	#FCC

示例代码如下。

```
<table width="300" border="1" align="center">
  <tr bgcolor="black">                /*定义表格第1行单元格背景颜色*/
    <td> </td>
    <td> </td>
    <td> </td>
  </tr>
  <tr bgcolor="#000000">             /*定义表格第2行单元格背景颜色*/
    <td> </td>
    <td> </td>
    <td> </td>
  </tr>
  <tr bgcolor="#000">                /*定义表格第3行单元格背景颜色*/
    <td> </td>
    <td> </td>
    <td> </td>
```

```
</tr>
</table>
```

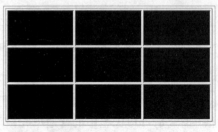

将以上代码保存为 HTML 文件，在浏览器中打开，表格效果如图 9-6 所示。表格的 3 行单元格的背景颜色都显示为黑色。第 1 行单元格的背景颜色是使用 <tr bgcolor="black"> 设置；第 2 行单元格的背景颜色是使用 <tr bgcolor="#000000"> 设置；第 3 行单元格的背景颜色是使用 <tr bgcolor="#000"> 设置。

图 9-6　网页效果

9.1.2　设置表格边框

表格边框的设置可以使用 HTML 的 border 属性，将 border 设成不同的值，会有不同的效果。下面来看看示例代码。

```
<html>
<head>
<title>无标题文档</title>
</head>
<body>
<table border="10" width="300" align="center"> /*设置表格的边框粗细、宽度与对齐方式*/
<caption>成绩查询</caption>
  <tr>                                          /*设置表格第1行单元格*/
    <th>姓名</th>
    <th>语文</th>
    <th>数学</th>
    <th>英语</th>
  </tr>
  <tr>                                          /*设置表格第2行单元格*/
    <td>李强</td>
    <td>89</td>
    <td>97</td>
    <td>87</td>
  </tr>
  <tr>                                          /*设置表格第3行单元格*/
    <td>李平</td>
    <td>90</td>
    <td>78</td>
    <td>85</td>
  </tr>
</table>
</body>
</html>
```

将以上代码保存为 HTML 文件，在浏览器中打开，表格的效果如图 9-7 所示。<table border="10" width="300">表示表格的边框粗细为 10 像素，表格的整体宽度为 300 像素。

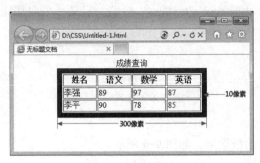

图 9-7　表格效果

下面对 HTML 代码进行调整，具体如下。

```
<html>
<head>
<title>无标题文档</title>
</head>
<body>
<table border="1" width="200" align="center"> /*设置表格的边框粗细、宽度与对齐方式*/
<caption>成绩查询</caption>
  <tr>                                         /*设置表格第1行单元格*/
    <th>姓名</th>
    <th>语文</th>
    <th>数学</th>
    <th>英语</th>
  </tr>
  <tr>                                         /*设置表格第2行单元格*/
    <td>李强</td>
    <td>89</td>
    <td>97</td>
    <td>87</td>
  </tr>
  <tr>                                         /*设置表格第3行单元格*/
    <td>李平</td>
    <td>90</td>
    <td>78</td>
    <td>85</td>
  </tr>
</table>
</body>
</html>
```

将以上代码保存为 HTML 文件，在浏览器中打开，表格效果如图 9-8 所示。<table border="1" width="200">表示表格的边框粗细为 1 像素，表格的整体宽度为 200 像素。

相比直接使用HTML标签，使用CSS设置表格边框更为方便快捷，在CSS中设置表格边框同样是通过border属性。

在<head>标签内添加<style type="text/css">标签，定义一个内部样式表，然后继续添加以下代码。

```
table{
    border: 1px solid red;       /*设置表格边框*/
text-align: center;              /*定义文字对齐*/
    }
```

以上代码设置了表格的边框效果，如图9-9所示。

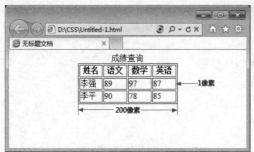

图9-8　表格效果

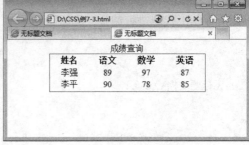

图9-9　边框效果

温馨提示

从图9-9中可以看到表格仅仅显示了外边框，所以在设置表格的边框时，还要注意设置相应的内边框，设置内边框的CSS代码如下。

```
table, th, td{
  border: 1px solid red;
  /*设置内边框*/
  }
```

表格的显示效果如图9-10所示。

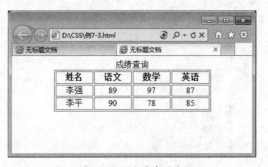

图9-10　设置内边框

9.1.3　表格的内边距

内边距指的是单元格边框和它的内容之间的空白距离，如图9-11所示。使用padding属性可以设置内边距。padding分为左内边距（padding-left）、右内边距（padding-right）、上内边距（padding-top）和下内边距（padding-bottom），其距离数值可以用长度单位和百分比单位来表示，但不允许使用负值。

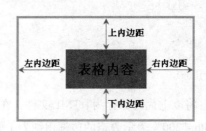

图9-11　表格的内边距

下面设置表格的左内边距、右内边距、上内边距和下内边距，示例代码如下。

```
<html>
<head>
<style type="text/css">
td.t1{padding-top:1cm}                          /*设置内边距*/
td.t2{padding-bottom:2cm}
td.t3{padding-left:20%}
td.t4{padding-right:30%}
</style>
</head>
<body>
<table width="300" border="1" align="center" bgcolor="#66CC66">
<tr>
<td class="tt">
上内边距
</td>
<td class="t2">下内边距</td>
</tr>
<td class="t3">左内边距</td><br>
<td class="t4">右内边距</td><br>
</table>
</body>
</html>
```

表格内边距的显示效果如图 9-12 所示。

在实际操作中，若要在网页中添加横幅广告、竖条广告等网页元素，会发现这些元素离网页的边缘会有一定的距离。如果要让横幅广告、竖条广告、Logo 或其他网页元素无缝贴合网页的某个边缘，必须使 body 标签的 margin 和 padding 值都为 0，CSS 代码如下。

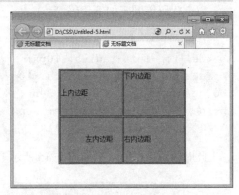

图 9-12　表格内边距显示效果

```
<style type="text/css">
body{
margin:0;
padding: 0;
}
</style>
```

效果如图 9-13 所示。

9.1.4 圆角边框

在 CSS 3.0 中，添加了一个新的属性 border-radius，使用该属性可以获得圆角边框的效果。目前，Firefox 4.0 及以上版本、Safari 5.0 及以上版本、Google Chrome 10.0 及以上版本、Opera 10.5 及以上版本、Internet Explorer 9.0 及以上版本都支持该属性。

border-radius 只有一个值时，4 个角具有相同的圆角值，其效果是一致的，代码如下。

```
.demo {
border-radius: 10px;
}
```

图 9-13　浏览效果

此时圆角边框的效果如图 9-14 所示。

border-radius 设置两个值时，top-left 等于 bottom-right 并且它们取第 1 个值；top-right 等于 bottom-left 并且它们取第 2 个值，也就是说边框左上角和右下角相同，右上角和左下角相同，代码如下。

```
.demo {
border-radius: 10px 20px;
}
```

以上代码等同于如下代码。

```
.demo {
border-top-left-radius: 10px;
border-bottom-right-radius: 10px;
border-top-right-radius: 20px;
border-bottom-left-radius: 20px;
}
```

此时圆角边框的效果如图 9-15 所示。

图 9-14　圆角边框效果（一个值）

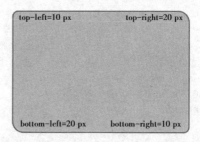

图 9-15　圆角边框效果（两个值）

border-radius 设置 3 个值时，top-left 取第 1 个值，top-right 等于 bottom-left 并且它们取第 2 个值，bottom-right 取第 3 个值，代码如下。

```
.demo {
border-radius: 10px 20px 30px;
}
```

以上代码等同于如下代码。

```
.demo {
border-top-left-radius: 10px;
border-top-right-radius: 20px;
border-bottom-left-radius: 20px;
border-bottom-right-radius: 30px;
}
```

此时圆角边框的效果如图 9-16 所示。

border-radius 设置 4 个值时，top-left 取第 1 个值，top-right 取第 2 个值，bottom-right 取第 3 个值，bottom-left 取第 4 个值，代码如下。

```
.demo {
border-radius:10px 20px 30px 40px;
}
```

以上代码等同于如下代码。

```
.demo {
border-top-left-radius: 10px;
border-top-right-radius: 20px;
border-bottom-right-radius: 30px;
border-bottom-left-radius: 40px;
}
```

此时圆角边框的效果如图 9-17 所示。

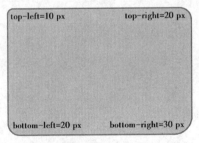

图 9-16　圆角边框效果（三个值）

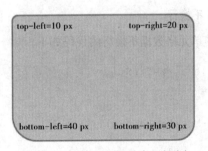

图 9-17　圆角边框效果（四个值）

9.1.5 控制单元格数据强制换行与不换行

在单元格中输入或处理数据时，有时需要控制单元格数据强制换行与不换行，下面就介绍设置方法。

1. 强制换行

使单元格数据强制换行的代码如下。

```
<style type="text/css">
.AutoNewline
{
word-break: break-all;                    /*设置强制换行*/
}
</style>
</head>
<body>
<table border="1">
<tr>
<td class="AutoNewline">童话是一种具有浓厚幻想色彩的虚构故事，多采用夸张、拟人等表现手法
去编织奇异的情节。幻想是童话的基本特征，也是童话反映生活的特殊艺术手段。童话主要描绘虚拟的事
物和情节。</td>
</tr>
</table>
</body>
```

设置表格数据强制换行后的效果如图 9-18 所示。

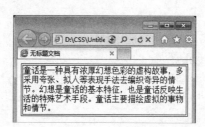

图 9-18　强制换行效果

2. 不换行

使单元格数据不换行的代码如下。

```
<style type="text/css">
.NoNewline
{
word-break: keep-all;                     /*设置不换行*/
}
</style>
</head>
<body>
<table border="1">
<tr>
<td class="NoNewline">童话是一种具有浓厚幻想色彩的虚构故事，多采用夸张、拟人等表现手法去
编织奇异的情节。幻想是童话的基本特征，也是童话反映生活的特殊艺术手段。童话主要描绘虚拟的事物
```

```
和情节。</td>
</tr>
</table>
</body>
```

设置表格数据不换行后的效果如图 9-19 所示。

图 9-19　不换行效果

课堂范例——制作带有 CSS 样式的表格布局网页

本例先创建表格，然后在表格中插入图像，接着设置表格与单元格的边框颜色，最后将表格边框折叠为单一边框，具体操作步骤如下（本例所使用的图像文件所在位置：源文件与素材/素材文件/第 9 章）。

步骤 01　构建表格的结构，在<body>标签中输入以下代码。

```
<table width="430" border="1">              /*创建表格*/
  <tr>
    <td> </td>
    <td> </td>
    <td> </td>
    <td> </td>
  </tr>
  <tr>
    <td> </td>
    <td> </td>
    <td> </td>
    <td> </td>
  </tr>
  <tr>
    <td> </td>
    <td> </td>
    <td> </td>
    <td> </td>
  </tr>
</table>
```

此时表格效果如图 9-20 所示。

步骤 02　分别在各个单元格中插入图像，也就是在<td>标签中加入图像的链接，代码如下。

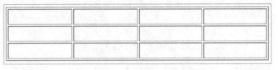

图 9-20　创建表格

```
<table width="430" border="1">
  <tr>
    <td align="center"><img src="images/1.JPG" width="106" height="104" /></td>
    <td align="center"><img src="images/2.JPG" width="105" height="101" /></td>
    <td align="center"><img src="images/3.JPG" width="109" height="105" /></td>
```

```
    <td align="center"><img src="images/4.JPG" width="107" height="104" /></td>
  </tr>
  <tr>
    <td align="center"><img src="images/5.JPG" width="106" height="105" /></td>
    <td align="center"><img src="images/6.JPG" width="106" height="105" /></td>
    <td align="center"><img src="images/7.JPG" width="106" height="103" /></td>
    <td align="center"><img src="images/8.JPG" width="106" height="103" /></td>
  </tr>
  <tr>
    <td align="center"><img src="images/9.JPG" width="106" height="105" /></td>
    <td align="center"><img src="images/10.JPG" width="105" height="104" /></
td>
    <td align="center"><img src="images/11.JPG" width="106" height="104" /></
td>
    <td align="center"><img src="images/12.JPG" width="106" height="104" /></
td>
  </tr>
</table>
```

加入图像后的表格效果如图 9-21 所示。

步骤 03   使用CSS设置表格与单元格的边框颜色，代码如下。

图 9-21　加入图像后的表格效果

```
<style type="text/css">
table,th,td{
border:1px solid green;
/*设置表格与单元格的边框颜色*/
}
</style>
```

新的表格效果如图 9-22 所示。

步骤 04   经过上一步的操作可以看到单元格的边框之间还有间隙，这时就要设置CSS中整个表格的border-collapse属性，使表格边框折叠为单一边框。在CSS中添加以下代码。

```
table
  {
  border-collapse:collapse;                              /*折叠边框*/
  }
```

折叠边框之后的效果如图 9-23 所示。

图 9-22　设置边框颜色效果

图 9-23　折叠边框之后的效果

9.2　使用 CSS 设置表单样式

表单是搜集用户数据信息的各种表单元素的集合，用于实现网页上的数据交互，从客户端搜集输入的数据信息，并将其提交到网站服务器端进行处理。本节介绍利用 CSS 设置各种表单元素样式的相关知识。

9.2.1　设置输入框

1. 设置输入框内边距

使用 padding 属性可以在输入框中添加内边距。示例代码如下，效果如图 9-24 所示。

图 9-24　设置输入框内边距

```
input[type=text] {
  width: 100%;
  padding: 12px 20px;
  margin: 8px 0;
  box-sizing: border-box;
}
```

2. 设置输入框边框

使用 border 属性可以修改边框的大小或颜色，使用 border-radius 属性可以给边框添加圆角。示例代码如下，效果如图 9-25 所示。

```
input[type=text] {
```

```
  border: 2px solid red;
  border-radius: 4px;
}
```

如果只是想添加底部边框可以使用 border-bottom 属性，代码如下，效果如图 9-26 所示。

```
input[type=text] {
  border: none;
  border-bottom: 2px solid red;
}
```

First Name

Last Name

图 9-25　设置输入框边框

First Name

Last Name

图 9-26　只添加底部边框

3. 设置输入框颜色

可以使用 background-color 属性来设置输入框的颜色，示例代码如下，效果如图 9-27 所示。

设置输入框颜色:

First Name

John

Last Name

Doe

图 9-27　设置输入框颜色

```
input[type=text] {
  background-color: #3CBC8D;
  color: white;
}
```

4. 设置输入框图标

如果想在输入框中添加图标，可以使用 background-image 属性和用于定位的 background-position 属性。注意设置图标的左边距，让图标到左边线之间有一定的空间。示例代码如下，效果如图 9-28 所示。

图 9-28　在输入框中添加图标

```
input[type=text] {
  background-color: white;
  background-image: url('searchicon.png');
  background-position: 10px 10px;
  background-repeat: no-repeat;
  padding-left: 40px;
}
```

9.2.2 设置表单按钮

1. 设置按钮颜色

可以使用 background-color 属性来设置按钮颜色。示例代码如下，效果如图 9-29 所示。

```
.button1 {background-color: #4CAF50;} /* Green */
.button2 {background-color: #008CBA;} /* Blue */
.button3 {background-color: #f44336;} /* Red */
.button4 {background-color: #e7e7e7; color: black;} /* Gray */
.button5 {background-color: #555555;} /* Black */
```

图 9-29 设置按钮颜色

2. 设置按钮大小

可以使用 font-size 属性来设置按钮大小。示例代码如下，效果如图 9-30 所示。

```
.button1 {font-size: 10px;}
.button2 {font-size: 12px;}
.button3 {font-size: 16px;}
.button4 {font-size: 20px;}
.button5 {font-size: 24px;}
```

图 9-30 设置按钮大小

3. 设置圆角按钮

可以使用 border-radius 属性来设置圆角按钮。示例代码如下，效果如图 9-31 所示。

```
.button1 {border-radius: 2px;}
.button2 {border-radius: 4px;}
.button3 {border-radius: 8px;}
.button4 {border-radius: 12px;}
.button5 {border-radius: 50%;}
```

图 9-31 设置圆角按钮

4. 设置按钮边框颜色

可以使用 border 属性设置按钮边框颜色。示例代码如下，效果如图 9-32 所示。

```
.button1 {
    background-color: white;
    color: black;
    border: 2px solid #4CAF50; /* Green */
}
```

图 9-32　设置按钮边框颜色

5. 设置按钮阴影

可以使用 box-shadow 属性来为按钮添加阴影。示例代码如下，效果如图 9-33 所示。

```
.button1 {
    box-shadow: 0 8px 16px 0 rgba(0,0,0,0.2), 0 6px 20px 0 rgba(0,0,0,0.19);
}
.button2:hover {
    box-shadow: 0 12px 16px 0 rgba(0,0,0,0.24), 0 17px 50px 0 rgba(0,0,0,0.19);
}
```

图 9-33　添加按钮阴影

6. 设置按钮宽度

默认情况下，按钮的大小由按钮上的文本内容决定（根据文本内容匹配长度），可以使用 width 属性来设置按钮的宽度。如果要设置固定宽度可以使用像素（px）为单位，如果要设置响应式按钮可以设置为百分比。示例代码如下，效果如图 9-34 所示。

```
.button1 {width: 250px;}
.button2 {width: 50%;}
.button3 {width: 100%;}
```

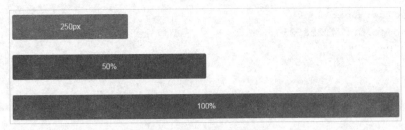

图 9-34　设置按钮宽度

课堂范例——制作登录页面

先创建表单，然后创建输入框、按钮等表单元素，最后设置表单元素的样式。具体操作步骤如下。

步骤 01　新建一个记事本文档，在文档中输入以下代码，表示插入表单并设置表单颜色。

```
<!DOCTYPE html>
<html>
<head>
<meta charset="utf-8">
<title>登录网页</title>
</head>
<style>
input[type=text], select {
    width: 100%;
    padding: 12px 20px;
    margin: 8px 0;
    display: inline-block;
    border: 1px solid #ccc;
    border-radius: 4px;
    box-sizing: border-box;
}
input[type=submit] {
    width: 100%;
    background-color: #4CAF50;
    color: white;
    padding: 14px 20px;
    margin: 8px 0;
    border: none;
    border-radius: 4px;
    cursor: pointer;
}
input[type=submit]:hover {
    background-color: #45a049;
}
div {
```

```
  border-radius: 5px;
  background-color: #f2f2f2;
  padding: 20px;
}
</style>
<body>
</body>
</html>
```

步骤 02　接下来在表单中输入文字并创建表单对象，在<body>与</body>标签之间输入以下代码。

```
<div>
  <form action="/action_page.php">
    <label for="fname">用户名</label>
    <input type="text" id="fname" name="firstname" placeholder="输入用户名">
    <label for="lname">密码</label>
    <input type="text" id="lname" name="lastname" placeholder="输入密码">
    <label for="country">国家</label>
    <select id="country" name="country">
      <option value="australia">中国</option>
      <option value="canada">法国</option>
      <option value="usa">英国</option>
    </select>
    <input type="submit" value="登录">
  </form>
</div>
```

步骤 03　将以上代码保存为HTML文件，在浏览器中打开，效果如图 9-35 所示。

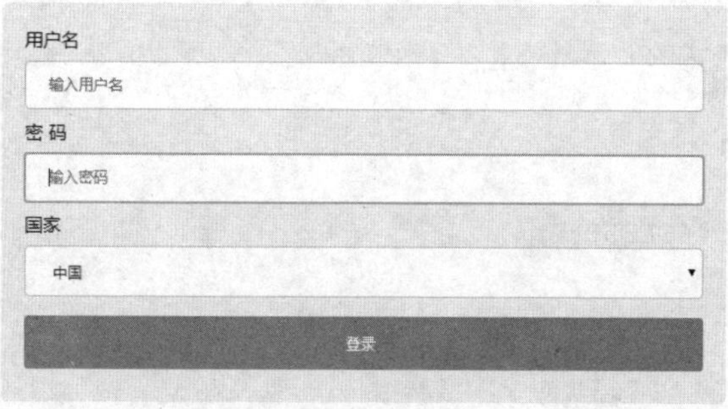

图 9-35　网页效果

课堂问答

问答 1：表格圆角边框由 CSS 的什么属性来设置？

答：在 CSS 3.0 中，添加了一个新的属性 border-radius，使用该属性可以获得圆角边框的效果。

问答 2：表单按钮颜色可由 CSS 的什么属性来设置？

答：可以使用 background-color 属性来设置表单按钮颜色。

上机实战——制作隔行变色的表格

本例的效果如图 9-36 所示。

效果展示

图 9-36　网页效果

思路分析

先创建表格，然后使用CSS设置表格的边框样式，最后设置表格单元格的颜色即可。

制作步骤

步骤 01　确定表格的 HTML 结构，创建一个原始表格，代码如下。

```
<table summary="学生成绩">                    /*表格内容摘要*/
<caption>学生成绩</caption>                    /*定义表格标题*/
<thead>
<tr>
<th >姓名</th>
<th >语文</th>
<th >数学</th>
<th >英语</th>
<th >历史</th>
</tr>
</thead>
<tbody>
<tr>
<th>章齐</th>
```

```
<td>87</td>
<td>86</td>
<td>90</td>
<td>91</td>
</tr>
<tr class="odd">
<th >李芳</th>
<td>92</td>
<td>83</td>
<td>89</td>
<td>73</td>
</tr>
<tr >
<th >方明</th>
<td>94</td>
<td>81</td>
<td>95</td>
<td>76</td>
</tr>
<tr class="odd">
<th >齐小强</th>
<td>89</td>
<td>95</td>
<td>91</td>
<td>97</td>
</tr>
</tbody>
</table>
```

此时还没有设置CSS样式的表格效果如图 9-37 所示。

图 9-37　表格效果

温馨提示　如果表格非常大，内容非常多，那么这个表格就要等内容全部加载完才会显示。如果要加载一部分显示一部分的话，就得把它拆分成多个表格，这样每加载一个表格就会显示一个表格。但如果不想拆分表格，那就将一部分 <tr>...</tr> 用 <tbody>...</tbody> 来分开，这样的话每个 <tbody> 加载完后就会显示，而不必等整个 <table> 加载完毕。

步骤 02　接下来使用CSS对表格的整体进行设置，代码如下。

```
<style type="text/css">
table {                                        /*设置表格边框*/
```

```
 background-color: #FFF;
 border: none;
 color: #565;
 font: 12px arial;
}
table caption {                                    /*设置表格标题*/
 font-size: 24px;
 border-bottom: 2px solid #B3DE94;
 border-top: 2px solid #B3DE94;
}
</style>
```

此时可以看到表格整体的文字样式和标题样式已经设置好了，如图 9-38 所示。

图 9-38 设置表格边框和标题

步骤 03 现在来设置各单元格的样式，代码如下。代码一共分为 3 段，第 1 段是设置所有单元格的共同属性，后面两段分别对 thead、tbody 的单元格样式进行设置，效果如图 9-39 所示。

```
table, td, th {
 margin: 0;
 padding: 0;
 vertical-align: middle;
 text-align:left;
}
tbody td, tbody th {
 background-color: #DFC;
 border-bottom: 2px solid #B3DE94;
 border-top: 3px solid #FFFFFF;
 padding: 9px;
}
thead th {
 font-size: 14px;
```

```
font-weight: bold;
line-height: 19px;
padding: 0 8px 2px;
text-align:center;
}
```

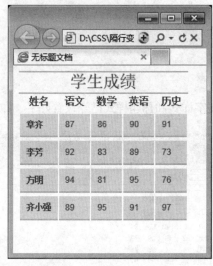

图 9-39　设置样式后的效果

步骤 04　　下面使数据内容的背景色深浅交替，实现隔行变色。在 CSS 中实现隔行变色的方法十分简单，只要给偶数行的 <tr> 都添加上相应的类型，然后对其进行 CSS 设置即可。

先在 HTML 中给所有偶数行的 <tr> 增加一个类别，代码如下。

```
<tr class="odd">
```

设置 "odd" 与其他单元格的不同的样式，代码如下。最终效果即如图 9-36 所示。

```
tbody tr.odd th,tbody tr.odd td {
background-color: #00CC66;
border-bottom: 2px solid #67BD2A;
}
```

温馨提示

在实际操作中，这种隔行变色的效果通常是通过服务器动态生成的。在服务器读取数据时会根据数据的顺序做判断，读第 1 个数据的时候输出 <tr>，读第 2 个数据的时候输出 <tr class="odd">，然后依次循环。

🌐 **同步训练——制作购物付款页面**

本例效果如图 9-40 所示。

效果展示

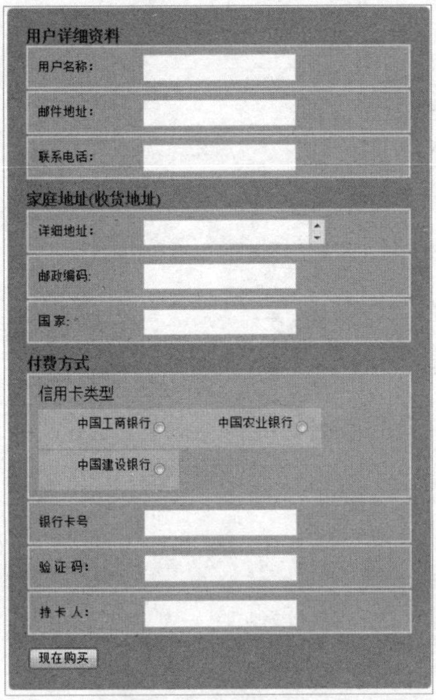

图 9-40 网页效果

思路分析

先创建表单，然后设置表单的颜色，接着创建表单元素，最后设置表单元素的样式即可。

关键步骤

步骤01 先创建表单并设置表单颜色，输入如下代码。

```html
<!DOCTYPE html>
<html lang="en">
<head>
    <meta charset="UTF-8">
    <title>Document</title>
    <style>
    html, body, h1, form, fieldset, legend, ol ,li{
        padding:0;
        margin:0;
    }
    ol{
        list-style:none;
    }
    body{
        background:#fff;
```

```
        color:#111;
        padding:20px;
    }
    form#payment{
        background:#9cbc2c;
        -webkit-border-radius:5px;
        border-radius:5px;
        padding:20px;
        width:400px;
    }
    form#payment fieldset{
        border:none;
        margin-bottom:10px;
    }
    form#payment fieldset:last-of-type{ margin-bottom:0; }
    form#payment legend{
        color:#384313;
        font-size:16px;
        font-weight:bold;
        padding-bottom:10;
        text-shadow:0px 1px 1px #c0d576;
    }
    form#payment > fieldset>legend:before{
        counter(fieldset)":";
        counter-increment:fieldsets;
    }
    form#payment fieldset fieldset legend{
        color:#111;
        font-size:13px;
        font-weight:normal;
        padding-bottom:0;
    }
    form#payment ol li{
        background:#b9cf6a;
        background:rgba(255, 255, 255, 0.3);
        border:#e3ebc3;
        border-color:rgba(255, 255, 255, 0.6);
        border-style:solid;
        border-width:2px;
        -webkit-border-radius:5px;
        line-height:30px;
        padding:5px 10px;
        margin-bottom:2px;
    }
    form#payment ol ol li{
        bakcground:none;
```

```
        border:none;
        float:left;
    }
    form#payment label{
        float:left;
        font-size:13px;
        width:110px;
    }
    form#payment fieldset fieldset label{
        background:none no-repeat left 50%;
        line-height:20px;
        padding:0 0 0 30px;
        width:auto;
    }
    form#payment fieldset fieldset label:hover{cursor:pointer;}
    form#payment input:not([type=radio]), form#payment textarea{
        background:#fff;
        border:#fc3 solid 1px;
        -webkit-border-radius:3px;
        outline:none;
        padding:5px;
    }
    </style>
</head>
<body>
</body>
</html>
```

步骤 02 接下来在表单中创建各种表单元素，并设置表单元素的样式，在\<body\>与\</body\>
标签之间输入以下代码。

```
<form id=payment>
    <fieldset>
        <legend>用户详细资料</legend>
        <ol>
            <li>
                <label for="name">用户名称: </label>
                <input type="text" id="name" name="name" placeholder="请输入用户
名" required autofocus>
            </li>
            <li>
                <label for="email">邮件地址: </label>
                <input type="text" name="email" id="email"
placeholder="XXXXXX@163.com" required>
            </li>
            <li>
```

```
                <label for="phone">联系电话：</label>
                <input type="tel" placeholder="010-12XXXXXXX" id="phone"
name="phone">
            </li>
        </ol>
    </fieldset>
    <fieldset>
        <legend>家庭地址(收货地址)</legend>
        <ol>
            <li>
                <label for="address">详细地址：</label>
                <textarea name="address" id="address"  rows="1"></textarea>
            </li>
            <li>
                <label for="postcode">邮政编码:</label>
                <input type="text" id="postcode" name="postcode" required>
            </li>
            <li>
                <label for="country">国家:</label>
                <input type="text" id="country" name="country" required>
            </li>
        </ol>
    </fieldset>
    <fieldset>
        <legend>付费方式</legend>
        <ol>
            <li>
                <fieldset>
                    <lagend>信用卡类型</lagend>
                    <ol>
                        <li>
                            <input type="radio" id="visa" name="cardtype">
                            <label for="visa">中国工商银行</label>
                        </li>
                        <li>
                            <input type="radio" id="amex" name="cardtype">
                            <label for="amex">中国农业银行</label>
                        </li>
                        <li>
                            <input type="radio" id="mastercard" name="cardtype">
                            <label for="mastercard">中国建设银行</label>
                        </li>
                    </ol>
                </fieldset>
            </li>
            <li>
```

```
                <label for="cardnumber">银行卡号</label>
                <input type="number" id="cardnumber" name="cardnumber"
required>
            </li>
            <li>
                <label for="secure">验证码：</label>
                <input id="cardnumber" name="cardnumber" type="number"
required>
            </li>
            <li>
                <label for="namecard">持卡人：</label>
                <input id="namecard" name="namecard" type="text" required>
            </li>
        </ol>
    </fieldset>
    <fieldset>
        <button type="submit">现在购买</button>
    </fieldset>
</form>
```

步骤 03　保存文件并在浏览器中打开即可。

知识能力测试

一、填空题

1. 设置表格单元格数据强制换行的CSS属性是 _____。

2. 内边距指的是单元格边框和它的内容之间的空白距离。使用padding属性可以设置内边距。padding分为左内边距（padding-left）、右内边距（padding-right）、上内边距（_____）和下内边距（_____）。

3. 让网站的横幅广告、竖条广告、Logo或其他网页元素无缝贴着网页的某个边缘，必须使body标签的 _____ 和 _____ 值都为 0。

二、判断题

1. 相比直接使用HTML标签，使用CSS设置表格边框更为方便快捷，在CSS中设置表格边框同样是通过background属性。　　　　　　　　　　　　　　　　　　（　　）

2. 使单元格数据不换行的CSS属性是word-break: keep-all。　　　　　　　（　　）

三、简答题

1. 如果表格非常大，内容非常多，那么这个表格就要等内容全部加载完才会显示。如果要加载一部分显示一部分的话应该怎么操作？

2. 表格中 <th> 标签与 <td> 标签的区别是什么？

HTML5+CSS3

使用 Div+CSS 布局网页，主要是通过采用 Div 盒模型结构将各部分内容划分到不同的区块，然后用 CSS 来定义盒模型的位置、大小、边框、内外边距和排列方式等。

10.1　CSS 与 Div 布局基础

下面讲述 CSS 与 Div 布局的基础知识，包括网页标准的含义、网页标准的构成与 Div 的基础知识。

10.1.1　什么是网页标准

网页标准即网站标准，是近几年在国内出现的一个名词。从 2003 年开始，随着网络上大大小小的设计与技术论坛的兴起，有关网页标准与 CSS 网站设计的讨论也逐步展开，由此掀起了一股学习网页标准与 CSS 布局的热潮。

目前通常所说的网页标准一般指基于 XHTML 语言所设计的网站遵循的相关标准和技术规范。网页标准中典型的应用模式是 Div+CSS，实际上网页标准并不是某一个标准，而是一系列标准的集合。

由于网页设计越来越趋向整体与结构化，对于网页设计者来说，理解网页标准要先理解结构和表现分离的意义。刚开始的时候理解结构和表现的不同之处可能很困难，但是理解这点是很重要的，因为当结构和表现分离后，用 CSS 样式表来控制表现就是很容易的一件事了。

10.1.2　网页标准的构成

下面介绍网页标准的构成。

1. 结构

结构技术用于对网页中用到的信息（文本、图像、动画等）进行分类和整理。目前用于结构化设计的网页标准技术主要是 HTML。

2. 表现

表现技术用于对已被结构化的信息进行显示上的控制，包括位置、颜色、字体、大小等形式控制。目前用于表现设计的网页标准技术就是 CSS。W3C（万维网联盟）创建 CSS 的目的是用 CSS 来控制整个网页的布局，与 HTML 所实现的结构完全分离，简单来说就是表现与内容完全分离，使站点的维护更加容易。这也正是 Div+CSS 的一大特点。

3. 行为

行为是指对整个文档的一个模型定义和交互行为的编写。目前用于行为设计的网页标准技术主要有下面两个。

（1）DOM（Document Object Model，文档对象模型），相当于浏览器与内容结构之间的一个接口，它定义了访问和处理 HTML 文档的标准方法，把网页、脚本及其他的编程语言联系了起来。

（2）ECMAScript（JavaScript 的扩展脚本语言），用于实现网页对象的交互操作。

10.1.3　什么是 Div

Div是用来为HTML文档中的块内容设置结构和背景属性的标签，它相当于一个容器，由起始标签<div>和结束标签</div>之间的所有内容构成，在它里面可以内嵌表格（table）、文本（text）等HTML代码。其中所包含的元素特性由Div标签的属性来控制，或使用样式表格式化这个块来控制。

Div是HTML中指定的、专门用于布局设计的容器。在传统的表格式的布局当中，进行页面的排版布局设计完全依赖表格，在页面当中绘制一个由多个单元格组成的表格，在相应的单元格中放置内容，通过单元格的位置控制来达到布局的目的，这是表格式布局的核心。而现在，我们所要接触的是一种全新的布局方式——CSS布局，Div是这种布局方式的核心对象，使用CSS布局的页面排版不需要依赖表格。

10.2　如何使用 Div

Div全称Division，意为"区分"，它是用来定义网页内容中逻辑区域的标签，可以通过手动插入Div标签并对它们应用CSS样式来创建网页布局。

10.2.1　如何创建 Div

与表格、图像等网页对象一样，只需在代码中应用<div>和</div>这样的标签形式，并将内容放置其中，便可以应用Div标签。

Div标签在使用时，同其他HTML对象一样，可以加入其他属性，比如id、class、align、style等。而在CSS布局方面，为了实现内容与表现分离，不应当将align（对齐）属性与style（行间样式表）属性编写在HTML页面的Div标签中，因此Div代码只能用以下两种形式。

```
<div id="id 名称">内容<div>
<div class="class 名称">内容</div>
```

使用id属性可以为当前这个Div指定一个id名称，在CSS中使用id选择符进行样式编写。同样也可以在CSS中使用class选择符进行样式编写。

> **温馨提示**
> Div只是CSS布局工作的第1步，其作用是将页面中的内容元素标识出来，而为内容添加样式则由CSS来完成。

在一个没有应用CSS样式的页面中，即使应用了Div，也没有任何实际效果，那么该如何理解Div在布局上的作用呢？

先用表格与Div进行比较。用表格布局时，使用表格设计的左右分栏或上下分栏，都能够在浏览器预览中看到分栏效果，如图10-1所示。

左	右

图 10-1 分栏效果

表格自身的代码形式决定了在浏览器中显示的时候，两块内容分别显示在左单元格与右单元格，因此不管是否设置了表格边框，都可以明确地知道内容存在于两个单元格中，达到了分栏的效果。

启动 Dreamweaver，切换到"代码"视图，在 <body> 与 </body> 之间输入以下代码，如图 10-2 所示。

```
<div>左</div>
<div>右</div>
```

切换到"设计"视图，可以看到插入的两个 Div，如图 10-3 所示。

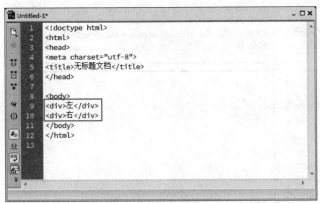

图 10-2 输入代码   图 10-3 切换到"设计"视图

按"F12"键在浏览器中打开，能够看到仅仅出现了两行文字，并没有看出 Div 的任何特征，如图 10-4 所示。

图 10-4 网页效果

从表格与 Div 的比较中可以看出，Div 本身就是占据整行的一种对象，不允许其他对象与它在一行中并列显示。实际上，Div 就是一个"块状对象（block）"。

从页面的效果中可以看出，网页中除了文字没有任何其他效果，两个 Div 之间只是前后关系，并没有出现类似表格的组织形式。因此可以说，Div 本身与样式没有任何关系，样式需要通过 CSS 来设置，因此 Div 对象从本质上实现了与样式分离。

这样做的好处是，由于 Div 与样式分离，最终样式则由 CSS 来设置。这种与样式无关的特性，使得 Div 在设计中拥有巨大的可伸缩性，可以使设计人员根据自己的想法改变 Div 的样式，不再拘泥于单元格固定模式的束缚。

温馨提示 CSS布局可以简单归结为两个步骤：先使用Div将内容标记出来，然后为这个Div编写需要的CSS样式。

10.2.2　如何选择 Div

要对Div执行某项操作，需要先将其选中，在Dreamweaver中选择Div的方法有两种。

第1种：将鼠标光标移至Div周围的任意边框上，当边框显示为红色实线时单击可将其选中，如图10-5所示。

第2种：将光标置于Div中，然后单击"状态栏"上相应的<div>标签，同样可将其选中，如图10-6所示。

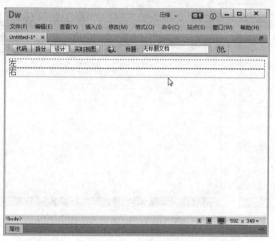

图 10-5　选中边框　　　　　　　　　　　图 10-6　选中标签

10.3　关于 Div+CSS 盒模型

盒模型是CSS控制页面时一个很重要的概念，只有很好地掌握了盒模型，以及其中每一个元素的用法，才能真正控制页面中各个元素的位置。

10.3.1　盒模型的概念

学习Div+CSS，先要搞懂盒模型的概念。传统的表格排版是通过大小不一的表格和表格嵌套来定位网页内容，改用CSS排版后，则是通过由CSS定义的大小不一的"盒子"和"盒子嵌套"来编排网页。采用这种排版方式的网页代码简洁，表现和内容分离，维护方便。

那么它为什么叫盒模型呢？先说说在网页设计中常用的属性名，即内容（content）、填充（padding）、边框（border）和边界（margin），CSS盒模型都有，如图10-7所示。

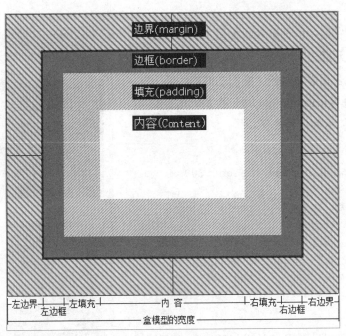

图 10-7　常用属性名

可以把CSS盒模型想象成现实中上方开口的盒子，然后从正上往下俯视，边框相当于盒子的厚度，内容相当于盒子中的空间，而填充相当于为防震而在盒子内填充的泡沫，边界相当于在这个盒子周围要留出一定的空间以方便拿取盒子，这样就比较容易理解盒模型了。

10.3.2　margin（边界）

margin指的是元素与元素之间的距离。例如，设置元素的下边界margin-bottom，其代码如下。

```
<!DOCTYPE html PUBLIC "-//W3C//DTD XHTML 1.0 Transitional//EN" "http://www.
w3.org/TR/xhtml1/DTD/xhtml1-transitional.dtd">
<html xmlns="http://www.w3.org/1999/xhtml">
<head>
<meta http-equiv="Content-Type" content="text/html; charset=utf-8" />
<title>margin</title>
</head>
<body>
<div style=" width:350px; height:200px; margin-bottom:40px;">
<img src="images/1.jpg" width="350" height="200" /></div>
<div style=" width:350px; height:200px;">
<img src="images/2.jpg" width="350" height="200" /></div>
</body>
</html>
```

以上代码在浏览器中的预览效果如图 10-8 所示，可以看到上下两个元素之间增加了 40 像素的距离。

当两个行内元素相邻的时候，它们之间的距离为第 1 个元素的右边界margin-right加上第 2 个元素的左边界margin-left，示例代码如下。

```
<body>
<span style=" width:350px; height:200px;
margin-right:30px;">
<img src="images/1.jpg" width="350"
height="200" /></span>
<span style=" width:350px; height:200px;
margin-left:40px;">
<img src="images/2.jpg" width="350"
height="200" /></span>
</body>
```

以上代码在浏览器中的预览效果如图 10-9 所示，可以看到两个元素之间的距离为 30+40=70 像素。

图 10-8　预览效果

图 10-9　预览效果

但如果不是行内元素，而是产生换行效果的块级元素，情况就会有所不同。两个块级元素之间的距离不再是两个边界相加，而是取两者中较大者的margin值，示例代码如下。

```
<body>
<div style=" width:350px; height:200px; margin-bottom:30px;"><img src="images/1.
jpg" width="350" height="200"/></div>
<div style=" width:350px; height: 200px; margin-top:40px;"><img src="images/2.
jpg" width="350" height="200" /></div>
</body>
```

从代码中可以看到，第 2 个块级元素的margin-top值大于第 1 个块级元素的 margin-bottom值，所以它们之间的边界应为第 2 个块级元素的边界值，预览效果如图 10-10 所示。

图 10-10 预览效果

除了行内元素间隔和块级元素间隔这两种关系，还有一种位置关系，它的margin值对CSS排版有重要的作用，这就是父子关系。当一个<div>块包含在另一个<div>块中间时，便形成了典型的父子关系，其中子块的margin将以父块的content（内容）为参考，示例代码如下。

```
<!DOCTYPE html PUBLIC "-//W3C//DTD XHTML 1.0 Transitional//EN" "http://www.
w3.org/TR/xhtml1/DTD/xhtml1-transitional.dtd">
<html xmlns="http://www.w3.org/1999/xhtml">
<head>
<meta http-equiv="Content-Type" content="text/html; charset=utf-8" />
<title>margin</title>
<style type="text/css">
<!--
#box {
    background-color:#0CC;
    text-align:center;
    font-family:"宋体";
    font-size:12px;
    padding:10px;
    border:1px solid #000;
    height:50px;     /*设置父div的高度*/
}
#son {                          /*子div*/
    background-color:#FFF;
    margin:30px 0px 0px 0px;
    border:1px solid #000;
    padding:20px;
}
-->
</style>
```

```
</head>
<body>
<div id="box">
<div id="son">子div</div>
</div>
</body>
</html>
```

效果如图 10-11 所示，可以看到子 Div 与父 Div 的距离为 40 像素（margin 30+padding 10），其余边都是 10 像素。

图 10-11　设计视图效果

10.3.3　border（边框）

border 一般用于分离元素，border 的外围即为元素的最外围，因此计算元素实际的宽和高时，要将 border 纳入。

border 的属性主要有 3 个，分别为 color（颜色）、width（粗细）和 style（样式）。在设置 border 时，常常需要将这 3 个属性进行配合，才能达到良好的效果。

课堂范例——文字虚线分割

如果希望在某段文字结束后加上虚线用于分割，而不是用 border 将整段话框起来，可以通过单独设置某一边来完成。具体操作步骤如下。

步骤 01　构建表格的结构，在 <body>、</body> 标签之间输入以下代码。

```
<body>
<p style="border-bottom:3px dotted #330099">稻花香里说丰年，听取蛙声一片。</p>
<p style="border-bottom:3px dotted #330099">七八个星天外，两三点雨山前。</p>
</body>
```

步骤 02　保存文件，在浏览器中的预览效果如图 10-12 所示。

稻花香里说丰年，听取蛙声一片。

七八个星天外，两三点雨山前。

图 10-12　预览效果

温馨
提示
　　border-style 属性在不同的浏览器中效果也有差别，如输入下面的 HTML 代码。

```
<!DOCTYPE html PUBLIC "-//W3C//DTD XHTML 1.0
Transitional/EN" "http://ww.w3.org/ TR/xhtml1/DTD/xhtml1 -transitional.dtd">
<html xmlns="http://www.w3.org/1999/xhtml">
<head>
<meta http-equiv="Content-Type" content="text/html; charset=utf-8" />
<title>border </title>
<style type="text/css">
<!--
div {
border-width:6px;
border-color:#000;
margin:10px;
padding:10px;
background-color:#ffc;
text-align:center;
}
-->
</style>
</head>
<body>
<div style="border-style:dashed" >dashed</div>
<div style="border-style:dotted" > dotted </div>
<div style="border-style:double" > double </div>
<div style="border-style:groove" >groove</div>
<div style="border-style:inset" >inset</div>
<div style="border-style:outset" >outset</div>
<div style="border-style:ridge" >ridge</div>
<div style="border-style:solid" >solid</div>
</body>
</html>
```

以上代码分别在 IE 和 Firefox 中的预览效果如图 10-13 所示。

通过浏览器的预览效果可以看到，对于 groove、inset、outset 和 ridge 几种值，IE 支持得不够理想。另外需要注意的是，在特定情况下，给元素设置背景颜色时，IE 作用的区域为 content+padding，而 Firefox 则是 content+padding+border，这点在 border 为粗虚线时特别明显。

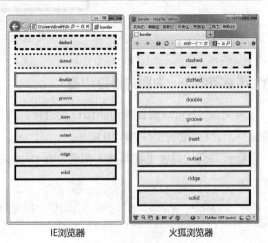

IE浏览器　　　　　火狐浏览器

图 10-13　预览效果

HTML5+CSS3 网页设计与制作 基础教程

10.3.4　padding（填充）

padding用于控制content（内容）与border（边框）之间的距离，如加入padding-bottom属性，示例代码如下。

```
<!DOCTYPE html PUBLIC "-//W3C//DTD XHTML 1.0 Transitional//EN" "http://www.
w3.org/TR/xhtml1/DTD/xhtml1-transitional.dtd">
<html xmlns="http://www.w3.org/1999/xhtml">
<head>
<meta http-equiv="Content-Type" content="text/html; charset=utf-8" />
<title>无标题文档</title>
</head>
<body style="text-align: center">
<div style=" width:350px; height:200; border:8px solid #000000; padding-
bottom:40px; ">
<img src="images/2.jpg" width="350" height="200"></div>
</body>
</html>
```

以上代码的预览效果如图 10-14 所示，可以看到下边框与图片内容相隔了 40 像素。

图 10-14　预览效果

📖 课堂范例——为图像设置边框

本例通过border属性来为图像设置边框，具体操作步骤如下（本例所使用的图像文件所在位置：源文件与素材/素材文件/第10章）。

步骤 01　设置边框并插入图像，在Dreamweaver中输入以下代码。

```
<body style="text-align: center">
<div style=" width:570px; height:400; border:9px solid #000000;">
<img src="images/lvye.jpg" width="570" height="400"></div>
```

以上代码中，solid #000000 是指边框的颜色，用户可以自行设置。

步骤 02　保存文件，在浏览器中的预览效果如图 10-15 所示。

图 10-15　图像边框预览效果

 Div+CSS 布局定位

下面介绍 Div+CSS 布局定位，包括相对定位、绝对定位和浮动定位。

10.4.1　相对定位

相对定位在 CSS 中的写法是 position:relative;，其表达的意思是以父级对象（它所在的容器）的坐标原点为坐标原点，无父级则以 body 的坐标原点为坐标原点，配合 top、right、bottom、left（上、右、下、左）值来定位元素。当父级内有 padding 等 CSS 属性时，当前级的坐标原点则参照父级内容区的坐标原点进行定位。

如果对一个元素进行相对定位，可以通过设置其垂直或水平位置，让这个元素相对于原位置进行移动。如果将 top 设置为 40 像素，那么元素将出现在原位置顶部下面 40 像素的位置。如果将 left 设置为 40 像素，那么会在元素左边创建 40 像素的空间，也就是将元素向右移动，示例代码如下。

```
 #main {
height:150px;
width: 150px;
background-color:#FF0;
float: left;
position: relative;
left:40px;
```

```
top:40px;
}
```

以上代码的预览效果如图 10-16 所示。

图 10-16   预览效果

在使用相对定位时，无论是否进行移动，元素仍然占据原来的空间，因此移动元素会导致它覆盖其他元素。

10.4.2   绝对定位

绝对定位在 CSS 中的写法是 position:absolute，其表达的意思是参照浏览器的左上角且配合 top、right、bottom、left（上、右、下、左）值来定位元素。

绝对定位可以使对象的位置与页面中的其他元素无关，使用了绝对定位之后，对象就浮在网页的上面，示例代码如下。

```
#main {
height: 150px;
width:150px;
background-color:#FF0;
float: left;
position:absolute;
left:40px;
top:40px;
}
```

以上代码的预览效果如图 10-17 所示。

图 10-17   预览效果

　　绝对定位可以使元素从它的包含块向上、下、左、右移动，这提供了很大的灵活性，可以直接将元素定位在页面上的任何位置。

10.4.3　浮动定位

　　浮动定位在 CSS 中用 float 属性来表示，当 float 值为 none 时，表示对象不浮动；为 left 时，表示对象向左浮动；为 right 时，表示对象向右浮动。float 可选参数如表 10-1 所示。

表 10-1　float 可选参数

属性	说明	值	说明
float	用于设置对象是否浮动显示，以及设置具体浮动的方式	inherit	继承父级元素的浮动属性
		left	元素会移至父级元素中的左侧
		none	默认值，不浮动
		right	元素会移至父级元素中的右侧

下面介绍浮动布局形式。

普通页面布局顺序显示的 CSS 代码如下。

```
#box {
width:650px;
font-size:20px;
}
#left {
background-color:#F00;
height:150px;
width:150px;
margin:10px;
color:#FFF;
}
#main {
background-color:#ff0;
height:150px;
width:150px;
margin:10px;
color:#000;
}
#right {
background-color:#00F;
height:150px;
width:150px;
margin:10px;
color:#000;
}
```

以上代码的预览效果如图 10-18 所示。

在图 10-18 中，如果把 left 块向右浮动，它脱离文档流并向右移动，直到边缘碰到 box 的右边框，其 CSS 代码如下。

```
#left {
Background-color:#F00;
Height:150px;
width:150px;
margin:10px;
color:#FFF;
float:right;
}
```

以上代码的预览效果如图 10-19 所示。

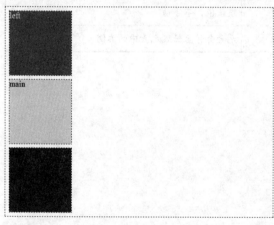

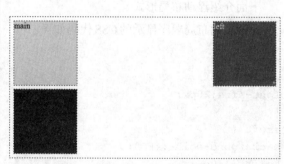

图 10-18　预览效果　　　　　　　　　　　图 10-19　预览效果

在图 10-19 中，当把 left 块向左浮动时，它脱离文档流并且向左移动，直到它的边缘碰到 box 的左边框。因为它不再处于文档流中，所以它不占据空间，但实际上覆盖了 main 块，使 main 块从左视图中消失，其 CSS 代码如下。

```
#left {
height: 150px;
width: 150px;
margin: 10px;
background-color:#F00;
color:#FFF;
float: left;
}
```

以上代码的预览效果如图 10-20 所示。

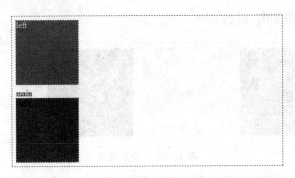

图 10-20　预览效果

　　如果把 3 个块都向左浮动，那么 left 块会直到碰到 box 框的左边框，另外两个块向左浮动，直到碰到前一个浮动框，其 CSS 代码如下。

```
#box {
width:650px;
font-size: 20 px;
height: 170px;
}
#left {
background-color:#fff;
height:150px;
width:150px;
margin:10px;
background-color: #F00;
color:#FFF;
float: left;
}
#main {
Background-color:#FFF;
height: 150px;
width: 150px;
margin: 10px;
background-color:#FF0;
float: left;
}
#right {
    background-color:#FFF;
height:150px;
width:150px;
margin:10px;
background-color:#00F;
color:#FFF;
float:left;
}
```

以上代码的预览效果如图 10-21 所示。

图 10-21　预览效果

如果 box 框太窄，无法容纳水平排列的 3 个浮动元素，那么其他浮动块向下移动，直到有足够空间，其代码如下。

```
#box {
width:400px;
font-size:20px;
height:340px;
}
```

以上代码的预览效果如图 10-22 所示。

如果浮动块元素的高度不同，那么当它们向下移动时，可能会被其他浮动元素卡住，代码如下。

```
#left {
background-color:#f00;
height:200px;
width: 150px;
margin:10px;
background-color: # F00;
color:#FFF;
float:left;
}
```

以上代码的预览效果如图 10-23 所示。

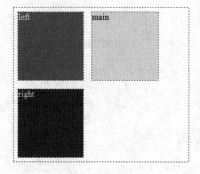

图 10-22　预览效果

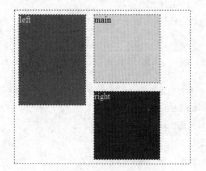

图 10-23　预览效果

10.5　Div+CSS 布局理念

CSS排版是一种很新颖的排版理念，先要将页面使用<div>整体划分几个板块，然后对各个板块进行CSS定位，最后在各个板块中添加相应的内容。

10.5.1　将页面用 Div 分块

在利用CSS布局页面时，要先有一个整体的规划，包括将整个页面分成哪些模块，各个模块之间的父子关系等。以最简单的框架为例，页面由 banner、主体内容（content）、菜单导航（links）和脚注（footer）等部分组成，各个部分分别用自己的id来标识，如图 10-24 所示。

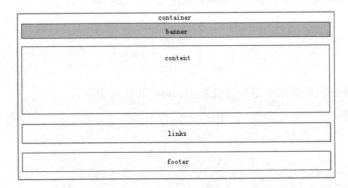

图 10-24　框架展示

10.5.2　设计各块的位置

当页面的内容已经确定后，需要根据内容本身考虑整体的页面布局类型，如是单栏、双栏还是三栏等，如图 10-25 所示。整理好页面的框架后，就可以利用CSS对各个板块进行定位，实现对页面的整体规划，然后再向各个板块中添加内容。

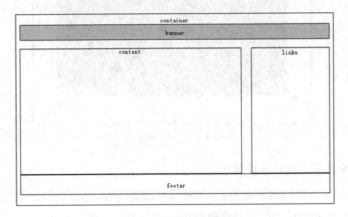

图 10-25　确定页面布局类型

10.6 常用的布局方式

下面介绍一下常用的Div+CSS布局方式，包括居中布局设计、浮动布局设计。

10.6.1 居中布局设计

在网页布局中，居中布局设计非常广泛，所以如何在CSS中让元素居中显示，是大多数开发人员要学习的重点。居中布局设计主要有以下两个基本方法。

1. 使用自动空白边让设计居中

假设一个布局，希望其中的元素在屏幕上水平居中，代码如下。

```
<body>
<div id="box"></div>
</body>
```

定义Div的宽度，然后将水平空白边设置为auto，其代码如下。

```
#box {
Width:800px;
Height:500px;
background-color:#F36;
margin:0 auto;
}
```

以上代码的预览效果如图 10-26 所示。

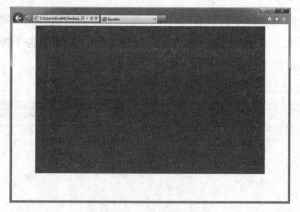

图 10-26　预览效果

2. 使用定位和负值空白边让设计居中

先定义容器的宽度，然后将容器的position属性设置为relative，将left属性设置为50%，就会把容器的左边缘定位在页面的中间，其代码如下。

```
#box {
width: 720px;
position: relative;
left:50%;
}
```

如果不希望让容器的左边缘居中，而是让容器的中间居中，可以对容器的左边应用一个负值的空白边，宽度等于容器宽度的一半，这样就会把容器向左移动它宽度的一半，从而让它在屏幕上居中。其代码如下。

```
#box {
width:720px;
position:relative;
left:50%;
margin-left:-360px;
}
```

常见的居中布局效果如图 10-27 所示。

图 10-27　居中布局效果

10.6.2　浮动布局设计

浮动布局也是主流布局设计中不可缺少的布局之一，利用 float（浮动）属性来并排定位元素。

1. 两列固定宽度布局

两列固定宽度布局非常简单，其代码如下。

```
<div id="left">左列</div>
<div id="right">右列</div>
```

为 id 名为 left 与 right 的 Div 制定 CSS 样式，让两个 Div 在水平行中并排显示，从而形成两列式布局，CSS 代码如下。

```
#left {
```

```
width:400px;
height:300px;
background-color:#0CF;
border:2px solid #06F;
float: left;
}
#right {
width:400px;
height:300px;
background-color: #0CF;
border:2px solid #06F;
float:left;
}
```

代码中使用了 float 属性，这样两列固定宽度布局就能够完整地显示出来，预览效果如图 10-28 所示。

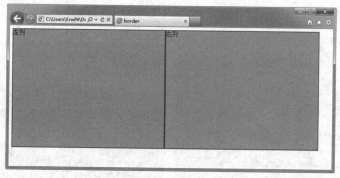

图 10-28　预览效果

2. 两列固定宽度居中布局

两列固定宽度居中布局可以使用 Div 的嵌套来完成，用一个居中的 Div 作为容器，将两列分栏的两个 Div 放置在容器中，从而实现两列的居中显示，代码如下。

```
<div id="box">
<div id="left">左列</div>
<div id="right">右列</div>
</div>
```

为分栏的两个 Div 加上一个 id 名为 box 的 Div 容器，CSS 代码如下。

```
# box {
width :808px;
margin:0px auto;
}
```

#box 有了居中属性，里面的内容也能居中，这样就实现了两列的居中显示，预览效果如

图 10-29 所示。

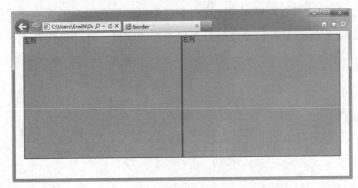

图 10-29　预览效果

3. 两列宽度自适应布局

自适应布局主要通过宽度的百分比进行设置，因此，在两列宽度自适应布局中，同样是对百分比宽度值进行设定，其 CSS 代码如下。

```
#left {
width:20%;
height: 300px;
background-color: #0CF;
border:2px solid #06F;
float:left;
}
#right {
width:70%;
height:300px;
background-color: #0CF;
border:2px solid #06F;
float:left;
}
```

左栏宽度设置为 20%，右栏宽度设置为 70%，预览效果如图 10-30 所示。

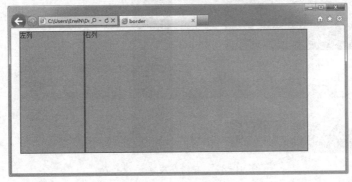

图 10-30　预览效果

4. 右列宽度自适应布局

在实际应用中，有时候需要左栏固定宽度，右栏根据浏览器窗口的大小自动适应。在CSS中只需要设置左栏宽度，右栏不设置任何宽度值且右栏不浮动即可，其CSS代码如下。

```
#left {
     width:200px;
height:300px;
background-color:#0CF;
border:2px solid #06F;
float:left;
}
#right {
height:300px;
background-color:#0CF;
border:2px solid #06F;
}
```

左栏将呈现200像素的宽度，而右栏将根据浏览器窗口大小自动适应，预览效果如图10-31所示。

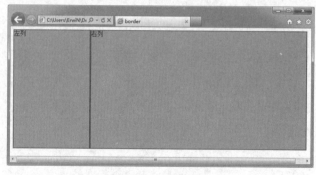

图 10-31　预览效果

该类型的页面布局左、右列都可以自适应，两个右列宽度自适应布局的页面如图 10-32 所示。

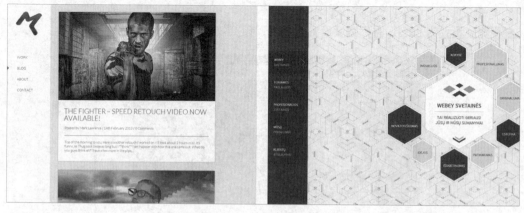

图 10-32　右列宽度自适应布局

5. 三列浮动中间列宽度自适应布局

三列浮动中间列宽度自适应布局，是左栏固定宽度居左显示，右栏固定宽度居右显示，而中间栏则需要在左栏和右栏的中间显示，根据左右栏的间距变化自动适应。单纯使用 float 属性与百分比属性不能实现，而是需要绝对定位来实现。绝对定位后的对象，不需要考虑它在页面中的浮动关系，只需要设置对象的 top、right、bottom 及 left 4 个方向即可，其代码如下。

```
<div id="left">左列</div>
<div id="main">中列</div>
<div id="right">右列</div>
```

先使用绝对定位对左列与右列的位置进行控制，其 CSS 代码如下。

```
* {
   maigin: 0px;
 padding:0px;
 border:0px;
}
#left {
width:200px;
height: 300px;
background-color:#0CF;
border:2px solid #06F;
position: absolute;
}
# right {
width:200px;
height:300px;
background-color:#0CF;
border:2px solid #06F;
position: absolute;
top:8px;
right:8px;
}
```

而中列则用普通 CSS 样式，其 CSS 代码如下。

```
#main {
height:300px;
background-color:#0CF;
border:2px solid #06F;
margin :0px 204px 0px 204px;
}
```

对于 #main，不需要再没定浮动方式，只需要让它的左边和右边的边距永远保持设定的 #left 和 #right 的宽度，便实现了自适应宽度。预览效果如图 10-33 所示。

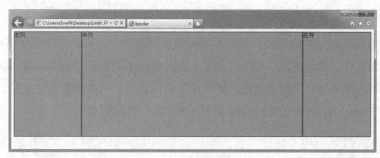

图 10-33　预览效果

三列的自适应布局目前在网络上应用较多的主要是 blog，大型网站已经较少使用这种布局。

课堂问答

问答 1：怎样创建 Div？

答：与表格、图像等网页对象一样，只需在代码中应用 <div> 和 </div> 这样的标签形式，并将内容放置其中，便可以应用 Div 标签。

问答 2：怎样实现两列固定宽度居中布局？

答：两列固定宽度居中布局可以使用 Div 的嵌套方式来完成，用一个居中的 Div 作为容器，将两列分栏的两个 Div 放置在容器中，从而实现两列的居中显示。

上机实战——工程公司网站首页布局设计

本例效果如图 10-34 所示（本例所使用的图像文件所在位置：源文件与素材/素材文件/第 10 章）。

效果展示

图 10-34　网页效果

思路分析

先在 Dreamweaver 中创建顶部、主体与底部 Div，然后分别往这些 Div 中填充内容即可。

制作步骤

步骤 01 在 Dreamweaver 中新建一个网页文件，将光标置于页面中，执行"插入 >Div"命令，打开"插入 Div"对话框，在 ID 文本框中输入"top"，如图 10-35 所示。

温馨提示

在"插入 Div"对话框中，通过"插入"下拉列表，可以指定插入的 Div 标签位置，共包括 5 个选项。

- 在插入点：将 Div 插入光标当前所在的位置。
- 在标签前：将 Div 插入所选标签的前面。
- 在开始标签之后：将 Div 插入所选标签的开始标签之后。
- 在开始标签之前：将 Div 插入所选标签的开始标签之前。
- 在标签后：将 Div 插入所选标签的后面。

"类（Class）"下拉列表可以定义 Div 标签使用的类，在类中可以定义 Div 标签的 Div 样式。

ID 下拉列表可以定义 Div 标签的唯一标识，方便为 Div 标签定义行为，也可以在 ID 中定义 CSS 样式。

单击 新建 CSS 规则 按钮可以为 Div 标签定义新的 CSS 样式。

步骤 02 设置完成后单击"确定"按钮，即可在页面中插入名称为 top 的 Div，页面效果如图 10-36 所示。

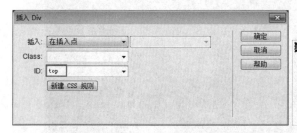

图 10-35 "插入 Div"对话框　　　　图 10-36 插入名称为 top 的 Div

步骤 03 将光标移至名为 top 的 Div 中，将多余的文本内容删除，执行"插入 >图像 >图像"命令，在 Div 中插入一幅图像（源文件与素材 / 素材文件 / 第 10 章 /gswz1.gif），如图 10-37 所示。

图 10-37 插入图像

步骤 04 执行"插入 >Div"命令，打开"插入 Div"对话框，在"插入"下拉列表中选择"在标签后"选项，并在右侧的下拉列表中选择〈div id="top"〉选项，在 ID 下拉列表中输入"main"，如图 10-38 所示。

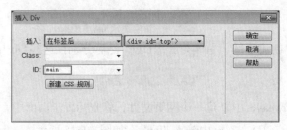

图 10-38 "插入 Div"对话框

步骤 05 设置完成后单击"确定"按钮，即可在页面中插入名称为main的Div，页面效果如图 10-39 所示。

图 10-39 页面效果

步骤 06 将光标移至名为main的Div中，将多余的文本内容删除，执行"插入>图像>图像"命令，在Div中插入一幅图像（源文件与素材/素材文件/第 10 章/gswz2.gif），如图 10-40 所示。

图 10-40 插入图像

步骤 07 执行"插入>Div"命令，打开"插入Div"对话框，在"插入"下拉列表中选择"在标签后"选项，并在右侧的下拉列表中选择〈div id="main"〉选项，在ID下拉列表中输入"footer"，如图 10-41 所示。

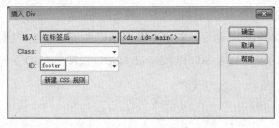

图 10-41 "插入Div"对话框

步骤 08　设置完成后单击"确定"按钮，即可在页面中插入名称为 footer 的 Div，页面效果如图 10-42 所示。

图 10-42　页面效果

步骤 09　将光标移至名为 footer 的 Div 中，将多余的文本内容删除，执行"插入>图像>图像"命令，在名为 footer 的 Div 中插入一幅图像（源文件与素材/素材文件/第 10 章/gswz3.gif），如图 10-43 所示。

图 10-43　插入图像

步骤 10　执行"文件>保存"命令保存，完成后按"F12"键预览即可。

🌐 同步训练——布局照明企业网站首页

本例效果如图 10-44 所示（本例所使用的图像文件所在位置：源文件与素材/素材文件/第 10 章）。

效果展示

图 10-44　网页效果

思路分析

本例先新建CSS样式表，然后将CSS样式表链接到网页文件，最后在CSS样式表中创建CSS规则。

关键步骤

步骤 01　在 Dreamweaver 中新建一个网页文件，然后执行"文件>保存"命令，将文件保存为index.html，如图 10-45 所示。

步骤 02　执行"文件>新建"命令，打开"新建文档"对话框，在"页面类型"栏中选择CSS选项，然后单击"创建"按钮，如图 10-46 所示。将创建的CSS文件保存为css.css，接着按照同样的方法再创建一个div.css文件。

步骤 03　执行"窗口>CSS设计器"命令，打开"CSS设计器"面板，单击"添加CSS

图 10-45　保存文件

源"按钮➕，在弹出的快捷菜单中选择"附加现有的CSS文件"命令，如图 10-47 所示。

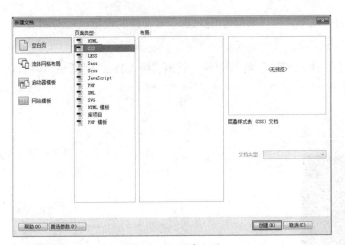

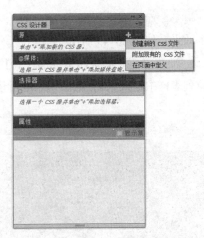

图 10-46　创建文件　　　　　　　　　图 10-47　选择"附加现有的 CSS 文件"命令

步骤 04　打开"使用现有的 CSS 文件"对话框，将刚刚新建的外部样式表文件 div.css 和 css.css 文件链接到页面中，如图 10-48 所示。

图 10-48　打开"使用现有的 CSS 文件"对话框

步骤 05　切换到 css.css 文件，创建一个名为 * 的标签 CSS 规则，代码如下。

```
*{
    margin:0px;
    border:0px;
    padding:0px;
}
```

步骤 06　按照同样的方法再创建一个名为 body 的标签 CSS 规则，代码如下。

```
body{
    background-image:url(/images/7.jpg);
    background-repeat:repeat-x;
    background-position:0px 541px;
    background-color:#161616;
    font-family:"宋体";
    font-size:12px;
    color:#fff;
}
```

步骤 07　切换到 index.html 的"设计"视图，可以看到刚刚对 css.css 文件的设置已经对网页产生了效果，如图 10-49 所示。

步骤 08　将光标置于页面中，执行"插入>Div"菜单命令，打开"插入 Div"对话框，在 ID 下拉列表框中输入 box，如图 10-50 所示。

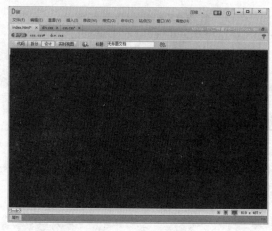

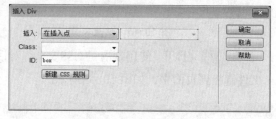

图 10-49　网页效果　　　　　　　　　　图 10-50　"插入 Div"对话框

步骤 09　设置完成后单击"确定"按钮，即可在页面中插入名称为 box 的 Div，页面效果如图 10-51 所示。

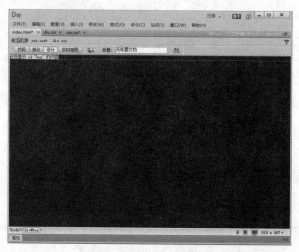

图 10-51　页面效果

步骤 10　切换到 div.css 文件，创建一个名为 #box 的 CSS 规则，代码如下。返回"设计"视图中，页面效果如图 10-52 所示。

```
#box {
    width:100%;
    height:1427px;
    background-image:url(/images/v1.gif);
```

```
background-repeat:no-repeat;
background-position:center top;
}
```

图 10-52 页面效果

步骤 11 执行"文件>保存"命令，保存页面。按"F12"键预览即可。

📝 知识能力测试

一、填空题

1. Div 全称是_____，意为"区分"，它是用来定义网页内容中逻辑区域的标签，可以通过手动插入 Div 标签并对它们应用 CSS 样式来创建网页布局。

2. _____用于控制 content（内容）与 border（边框）之间的距离。

3. 相对定位在 CSS 中的写法是_____，其表达的意思是以父级对象（它所在的容器）的坐标原点为坐标原点。

二、判断题

1. 浮动布局也是主流布局设计中不可缺少的布局之一，其利用 float（浮动）属性来并排定位元素。
（ ）

2. 两列固定宽度居中布局可以使用 Div 的嵌套来完成，用一个两列分栏的 Div 作为容器，将居中的两个 Div 放置在容器中，从而实现两列的居中显示。
（ ）

三、简答题

1. 怎样实现三列浮动中间列宽度自适应布局？

2. 如何用 Div 来为页面分块？

HTML5+CSS3

本章将介绍奶茶甜品网站的制作方法，完成本例的制作后，读者可以了解这类网站设计时的一些技巧，以及在制作时，页面的整体布局、图像与文字的运用和色彩的搭配技巧。

11.1 案例介绍与设计分析

本案例制作一个奶茶甜品网站（本例所使用的素材文件所在位置：源文件与素材/素材文件/第 11 章），主要以饮品为介绍对象，所以页面使用浅色作为背景底色，然后使用白色来表现主题，再搭配绿色，给人以清凉、爽快的感觉。页面布局也相对简单，使用传统的上中下布局方式，页面最终效果如图 11-1 所示。

图 11-1　页面效果

主要制作步骤如下。

（1）插入名为 top 的 Div，制作出头部内容。

（2）在名为 top 的 Div 后插入名为 main 的 Div，制作组成页面的主要内容，在该 Div 中主要分为 left 和 right 两个部分。

（3）在名为 main 的 Div 后插入名为 bottom 的 Div，制作出版底内容。

11.2 创建站点

在制作网站之前，我们要先创建一个站点，用来存放站点中的图像、媒体对象等。

步骤 01 在硬盘上建立一个新文件夹作为本地根文件夹，用来存放相关文档。如在计算机中创建一个名为"奶茶甜品网站"的文件夹，在"奶茶甜品网站"文件夹里再创建一个名为"images"的文件夹和一个名为"style"的文件夹，分别用来存放网站中用到的图像文件和CSS文件，如图 11-2 所示。

图 11-2　创建文件夹

步骤 02 启动 Dreamweaver CC，执行"站点>新建站点"命令，打开"站点设置对象"对话框，在"站点名称"文本框中输入"奶茶甜品"，在"本地站点文件夹"文本框中输入刚才创建好的奶茶甜品网站文件夹的路径，如图 11-3 所示。也可以单击后面的文件夹图标■选择对应的路径。

步骤 03 完成后单击"保存"按钮，完成本地站点的建立。这时在"文件"面板的下拉列表中将出现建立好的站点列表，如图 11-4 所示。

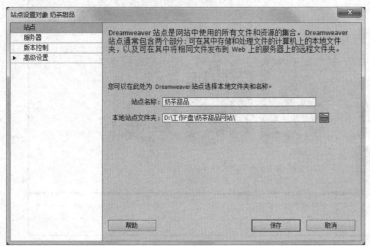

图 11-3　"站点设置对象"对话框

图 11-4　建立本地站点

11.3　创建 CSS 文件

下面创建本例所需的CSS文件，然后链接到网页中，具体操作步骤如下。

步骤 01 在 Dreamweaver CC 中新建一个网页文件，然后执行"文件>保存"命令，将文件保存为 index.html，如图 11-5 所示。

步骤 02 执行"文件>新建"命令, 打开"新建文档"对话框, 在"页面类型"栏中选择 CSS 选项, 然后单击"创建"按钮, 如图 11-6 所示。将创建的 CSS 文件保存为 css.css, 接着按照同样的方法再创建一个 div.css 文件。

步骤 03 执行"窗口 > CSS 设计器"命令, 打开"CSS 设计器"面板, 单击"添加 CSS 源"按钮➕, 在弹出的快捷菜单中选择"附加现有的 CSS 文件"命令, 如图 11-7 所示。

图 11-5 保存文件

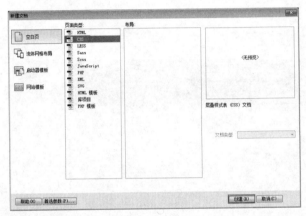

图 11-6 创建文件

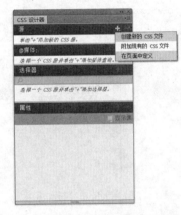

图 11-7 选择"附加现有的 CSS 文件"命令

步骤 04 打开"使用现有的 CSS 文件"对话框, 将刚刚新建的外部样式表文件 div.css 和 css.css 文件链接到页面中, 如图 11-8 所示。

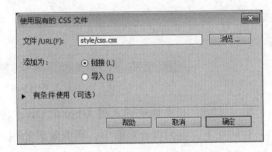

图 11-8 链接样式表文件

11.4 制作网页头部内容

下面通过创建 CSS 规则与插入 Div 来制作网页的头部内容, 具体操作步骤如下。

步骤 01 切换到css.css脚本文件，创建一个名为*的CSS规则，代码如下。

```
*{
    margin:0px;
    border:0px;
    padding:0px;
}
```

步骤 02 再创建一个名为body的CSS规则，代码如下，页面效果如图11-9所示。

```
body{
    font-family:"宋体";
    font-size:12px;
    color:#666;
    background-image:url(../images/bg_1.gif);
    background-repeat:repeat-x;
}
```

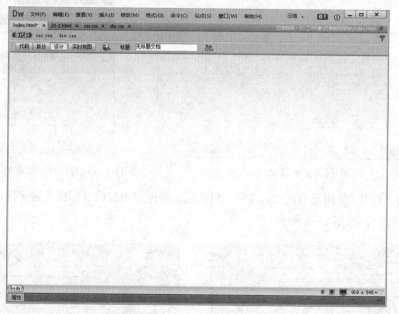

图 11-9 页面效果

步骤 03 在页面中插入名为box的Div，将页面切换到div.css文件，创建一个名称的CSS规则，代码如下，返回设计页面中，页面效果如图11-10所示。

```
#box {
    width:850px;
    height:880px;
    margin:auto;
}
```

图 11-10　页面效果

步骤 04　在名为 box 的 Div 中插入名为 top 的 Div，切换到 div.css 文件，创建一个名称为 #top 的 CSS 规则，代码如下。页面效果如图 11-11 所示。

```
#top {
    width:850px;
    height:93px;
    background-image:url(../images/menu_bg.gif);
    background-repeat:no-repeat;
    background-position: center bottom;
}
```

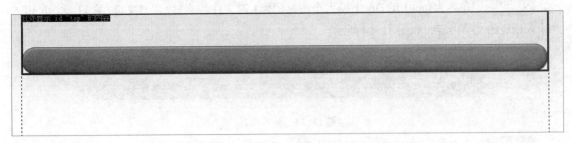

图 11-11　页面效果

步骤 05　执行"插入 > 图像 > 图像"命令，插入一幅图像（源文件与素材 / 素材文件 / 第 11 章 / logo.gif），如图 11-12 所示，将页面切换到 css.css 文件，创建一个名称为 .img 的 CSS 规则，代码如下。返回设计页面中，选择刚刚插入的图像，在"属性"面板上的"Class"属性中选择刚刚创建的 img 类样式，页面效果如图 11-13 所示。

```
.img {
    float:left;
    margin:26px 63px 0px 33px;
}
```

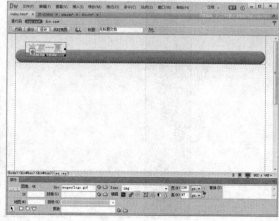

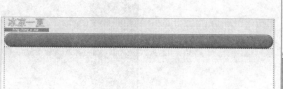

图 11-12　插入图像　　　　　　　　　　　图 11-13　页面效果

步骤 06　在名为 top 的 Div 中插入名为 top01 的 Div，将页面切换到 div.css 文件，创建一个名称为 #top01 的 CSS 规则，代码如下。

```
#top01 {
    width:552px;
    height:31px;
    float:right;
    padding:20px 63px 0px 0px;
    text-align:right;
}
```

步骤 07　在名为 top01 的 Div 中插入小图标图像（源文件与素材 / 素材文件 / 第 11 章 / tb.gif），并输入相应的文字内容，如图 11-14 所示。

图 11-14　插入图像

步骤 08　在名为 top01 的 Div 后插入名为 top02 的 Div，将页面切换到 div.css 文件，创建一个名称为 #top02 的 CSS 规则，代码如下。返回设计页面中，页面效果如图 11-15 所示。

```
#top02 {
    width:615px;
    height:42px;
    float:right;
}
```

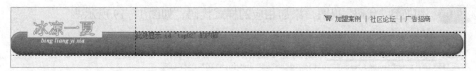

图 11-15　页面效果

步骤 09　在名为top02的Div中插入相应的图像，如图 11-16 所示，选中插入的所有图像，单击"属性"面板上的"项目列表"按钮 ⬚ ，为选中的图像创建项目列表，切换到"代码"视图，可以看到相应的列表代码，如图 11-17 所示。

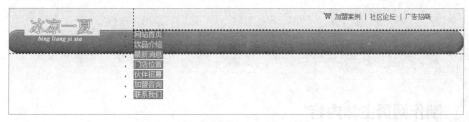

图 11-16　插入图像

```
<ul>
  <li><img src="images/menu01.gif" width="55" height="15" /></li>
  <li><img src="images/menu02.gif" width="55" height="16" /></li>
  <li><img src="images/menu03.gif" width="54" height="15" /></li>
  <li><img src="images/menu04.gif" width="55" height="15" /></li>
  <li><img src="images/menu05.gif" width="54" height="15" /></li>
  <li><img src="images/menu06.gif" width="55" height="15" /></li>
  <li><img src="images/menu07.gif" width="55" height="15" /></li>
</ul>
```

图 11-17　列表代码

步骤 10　将页面切换到div.css文件，创建一个名称为#top02 li的CSS规则，代码如下。返回设计页面中，页面效果如图 11-18 所示。

```
#top02 li {
    width:85px;
    height:15px;
    float:left;
    list-style-type:none;
    margin-top:13px;
    border-left:#aac858 solid 1px;
    border-right:#5b7a0a solid 1px;
    text-align:center;
}
```

图 11-18　页面效果

步骤 11   切换到"代码"视图,添加相应的样式代码,如图 11-19 所示。

```
<ul>
  <li style="border-left: 0px"><img src="images/menu01.gif" width="55" height="15" /></li>
  <li><img src="images/menu02.gif" width="55" height="16" /></li>
  <li><img src="images/menu03.gif" width="54" height="15" /></li>
  <li><img src="images/menu04.gif" width="55" height="15" /></li>
  <li><img src="images/menu05.gif" width="54" height="15" /></li>
  <li><img src="images/menu06.gif" width="55" height="15" /></li>
  <li style="border-right: 0px"><img src="images/menu07.gif" width="55" height="15" /></li>
</ul>
```

图 11-19   添加相应的样式代码

 温馨
提示   此处添加的代码是为了清除第一个 li 中的左边框和最后一个 li 中的右边框。

11.5 制作网页主体内容

下面通过插入 Div 与创建 CSS 规则来制作网页的主体内容,具体操作步骤如下。

步骤 01   在名为 top 的 Div 后插入名为 main 的 Div,将页面切换到 div.css 文件,创建一个名称为 #main 的 CSS 规则,代码如下,返回设计页面中,页面效果如图 11-20 所示。

```
#main {
    width:850px;
    height:690px;
    background-image:url(../images/m_bg.gif);
    background-repeat:no-repeat;
    margin-top:14px;
}
```

图 11-20   页面效果

步骤 02   在名为 main 的 Div 中插入名为 left 的 Div,将页面切换到 div.css 文件,创建一个名称为 ID 的 CSS 规则，代码如下。返回设计页面中，页面效果如图 11-21 所示。

```
#left {
    width:180px;
    height:690px;
    float:left;
}
```

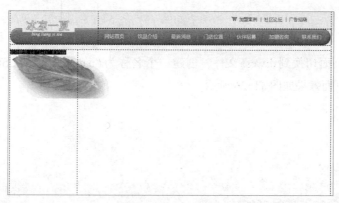

图 11-21 页面效果

步骤 03 在名为 left 的 Div 中插入名为 login 的 Div，将页面切换到 div.css 文件，创建一个名称为 #login 的 CSS 规则，代码如下。返回设计页面中，页面效果如图 11-22 所示。

```
#login {
    width:157px;
    height:101px;
    padding:24px 0px 0px 23px;
}
```

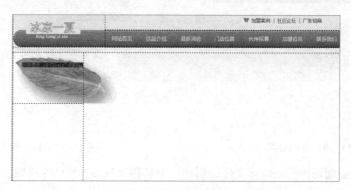

图 11-22 页面效果

步骤 04 执行"插入 > 表单 > 表单"命令，在该 Div 中插入表单，如图 11-23 所示。将光标移至实线的表单区域内，执行"插入 > 表单 > 文本"命令插入一个文本字段，将其 ID 设置为 name，如图 11-24 所示。

步骤 05 按 Enter 键，插入另一个文本字段，设置 ID 为 pass，如图 11-25 所示。

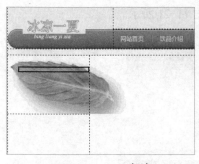 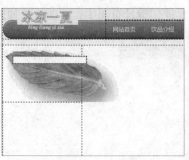 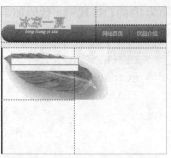

图 11-23 插入表单　　　　图 11-24 插入文本字段　　　　图 11-25 插入另一个文本字段

步骤 06 将页面切换到div.css文件，创建一个名称为#name,#pass的CSS规则，代码如下。返回设计页面中，页面效果如图 11-26 所示。

```
#name,#pass {
    width:90px;
    height:18px;
    margin-top:5px;
    background-image:url(../images/text.gif);
    background-repeat:no-repeat;
    border:none;
    padding-left:9px;
}
```

步骤 07 将光标移至pass文本字段的右侧，执行"插入>表单>图像按钮"命令，将图像插入页面中（源文件与素材/素材文件/第 11 章/button.gif），将ID设置为button，如图 11-27 所示。

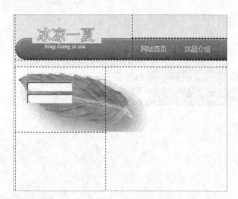 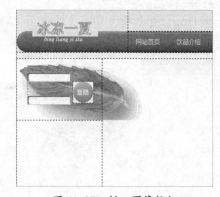

图 11-26 页面效果　　　　图 11-27 插入图像按钮

步骤 08 将页面切换到div.css文件，创建一个名称为button的CSS规则，代码如下。返回设计页面中，页面效果如图 11-28 所示。

```
#button {
    margin:2px 12px 0px 3px;
    float:right;
}
```

步骤 09   切换到"代码视图"，将光标移动到form标签后，如图 11-29 所示。

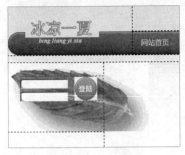

图 11-28　页面效果

```
<div id="login">
  <form id="form1" name="form1" method="post" action="">
    <label for="name"></label>
    <input type="image" name="button" id="button" src="images/button.gif" />
    <input type="text" name="name" id="name" />
  <label for="pass"></label>
    <input type="password" name="pass" id="pass" />
  </form>
</div>
```

图 11-29　切换到"代码视图"

步骤 10   插入两幅图像，将页面切换到div.css文件，创建一个名称为#login img的CSS规则，代码如下。返回设计页面中，页面效果如图 11-30 所示。

```
#login img{
    margin:12px 15px 0px 0px;
}
```

步骤 11   在名为login的Div后插入一幅图像（源文件与素材/素材文件/第 11 章/img.gif），如图 11-31 所示。

图 11-31　插入图像

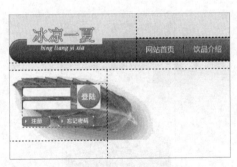

图 11-30　页面效果

步骤 12   再插入名为sc的Div，根据名为login的Div的制作方法，制作出该Div中的内容，代码如下，页面效果如图 11-32 所示。

```
#sc {
    width:140px;
    height:27px;
    margin-top:10px;
    background-image:url(../images/sc_bg.gif);
    background-repeat:no-repeat;
```

```
    padding:9px 0px 0px 40px;
}
#text {
    width:80px;
    height:16px;
    float:left;
    margin-top:1px;
}
#button01 {
    float:left;
    margin-left:10px;
}
```

步骤 13 在名为 sc 的 Div 后插入名为 left01 的 Div，将页面切换到 div.css 文件中，分别创建名为 #left01 和 #left01 img 的 CSS 规则，代码如下。返回设计页面中，将相应的图像插入该 Div 中（源文件与素材/素材文件/第 11 章/img03.gif、img04.gif），如图 11-33 所示。

```
#left01 {
    width:180px;
    height:353px;
    text-align:center;
    padding-top:5px;
}
#left01 img {
    margin:5px 0px 5px 0px;
}
```

图 11-32　页面效果

图 11-33　插入图像

步骤 14 在名为 left 的 Div 中插入名为 right 的 Div，将页面切换到 div.css 文件，创建一个名称为 # right 的 CSS 规则，代码如下。返回设计页面中，页面效果如图 11-34 所示。

```
#right {
    width:670px;
    height:690px;
    float:left;
}
```

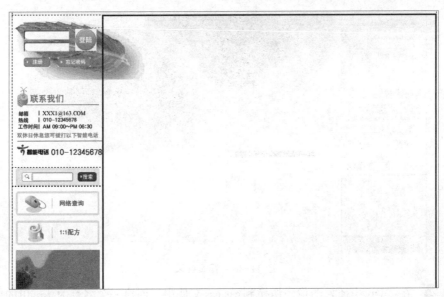

图 11-34　页面效果

步骤 15　将光标移至名为right的Div中，插入一幅图像（源文件与素材/素材文件/第 11 章/f1.jpg），效果如图 11-35 所示。

图 11-35　插入图像

步骤 16　将光标移至刚刚插入的图像后，插入名为right01的Div，将页面切换到div.css文件，创建一个名称为#right01的CSS规则，代码如下。返回设计页面中，页面效果如图 11-36 所示。

```
#right01 {
    width:560px;
    height:184px;
    margin:auto;
}
```

图 11-36　页面效果

步骤 17　在该 Div 中插入图像，切换到 css.css 文件中，创建一个名称为 .img01 的 CSS 规则，代码如下。返回设计页面中，选择刚插入的图像，在"属性"面板上应用刚刚创建的类样式，效果如图 11-37 所示。

```
.img01 {
    margin:10px 0px 10px 0px;
}
```

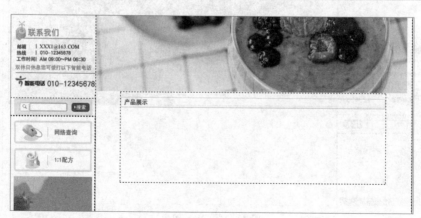

图 11-37　页面效果

步骤 18　将光标移至插入的图像后，插入名为 zs.01 的 Div，将页面切换到 div.css 文件，创建名称为 #zs01 的 CSS 规则，代码如下。

```
#zs01 {
    width:142px;
    height:128px;
    float:left;
    margin-right:10px;
    background-image:url(../images/zs_bg01.gif);
    background-repeat:repeat-x;
    text-align:center;
    border:#dadada solid 1px;
}
```

步骤 19　将光标移至名为 zs01 的 Div 中，插入相应的图像（源文件与素材 / 素材文件 / 第 11 章 /xinp.gif），如图 11-38 所示。

图 11-38　插入图像

11.6　制作网页底部内容

下面通过插入 Div 与创建 CSS 规则来制作网页的底部内容，具体操作步骤如下。

步骤 01　在名为 main 的 Div 后插入名为 bottom 的 Div，使用相同的方法，制作出该 Div 中的内容，代码如下，页面效果如图 11-39 所示。

```
#bottom {
    width:785px;
    height:54px;
    line-height:20px;
    background-image:url(../images/bottom_bg.gif);
    background-repeat:no-repeat;
    padding:15px 0px 0px 65px;
    margin-top:10px;
}
```

图 11-39　页面效果

步骤 02　保存文件，在浏览器中预览即可。

HTML5+CSS3

一、HTML 代码大小写

HTML 标签名、类名、标签属性和大部分属性值统一用小写。

推荐：

```
<div class="demo"></div>
```

不推荐：

```
<div class="DEMO"></div>
<DIV CLASS="DEMO"></DIV>
```

二、元素属性

元素属性值使用双引号语法，元素属性值可以写上的都写上。

推荐：

```
<input type="text">
<input type="radio" name="name" checked="checked" >
```

不推荐：

```
<input type=text>
<input type='text'>
<input type="radio" name="name" checked >
```

三、代码嵌套

元素嵌套时每个块状元素独立一行。

推荐：

```
<div>
    <h1></h1>
    <p></p>
</div>
<p><span></span><span></span></p>
```

不推荐：

```
<div>
    <h1></h1><p></p>
</div>
<p>
    <span></span>
    <span></span>
</p>
```

四、段落元素与标题元素只能嵌套内联元素

推荐：

```
<h1><span></span></h1>
<p><span></span><span></span></p>
```

不推荐：

```
<h1><div></div></h1>
<p><div></div><div></div></p>
```

五、避免一行代码过长

使用 HTML 编辑器时左右滚动代码是不方便的，所以每行代码尽量少于 80 个字符。

六、空行和缩进

不要无缘无故添加空行。

为每个逻辑功能块添加空行，这样更易于阅读。

缩进使用两个空格，不建议使用 Tab 键。

比较短的代码间不要使用不必要的空行和缩进。

推荐：

```
<body>
<h1>网页教程</h1>
<h2></h2>
<p>网页教程，学的不仅是技术，更是梦想。
网页教程，学的不仅是技术，更是梦想。
网页教程，学的不仅是技术，更是梦想。
网页教程，学的不仅是技术，更是梦想。</p>
</body>
```

不推荐：

```
<body>
  <h1>网页教程</h1>
  <h2>HTML</h2>
  <p>
  网页教程，学的不仅是技术，更是梦想。
    网页教程，学的不仅是技术，更是梦想。
  网页教程，学的不仅是技术，更是梦想，
      网页教程，学的不仅是技术，更是梦想。
  </p>
</body>
```

七、HTML 注释

注释可以写在 <!-- 和 --> 中：

```
<!-- 这是注释 -->
```

比较长的评论可以在 <!-- 和 --> 中分行写：

```
<!--
  这是一个较长评论。 这是 一个较长评论。这是一个较长评论。
  这是 一个较长评论 这是一个较长评论。 这是 一个较长评论。
-->
```

八、HTML 标题

HTML5 中 <title> 元素是必须的，标题名描述了页面的主题：

```
<title>网页教程</title>
```

标题可以让搜索引擎快速了解页面的主题：

```
<!DOCTYPE html>
<html lang="zh">
<head>
  <meta charset="UTF-8">
  <title>网页教程</title>
</head>
```

九、文件扩展名

HTML 文件后缀可以是 .html 或 .htm。

CSS 文件后缀是 .css。

十、标签使用必须符合标签嵌套规则

例如，div 不得置于 p 中，tbody 必须置于 table 中。

十一、图片规范

（1）内容图。内容图多以商品图等照片类图片形式存在，颜色较为丰富，文件体积较大。

- 优先考虑 JPEG 格式，条件允许的话优先考虑 WebP 格式。
- 尽量不使用 PNG 格式，PNG8 色位太低，PNG24 压缩率低，文件体积大。
- PC 平台单张图片大小不应大于 200KB。

（2）背景图。背景图多为图标等颜色比较简单、文件体积不大、起修饰作用的图片。

- 优先考虑使用 PNG 格式。PNG 格式颜色更丰富且提供更好的压缩率。
- 图像颜色比较简单的，如纯色块线条图标，优先考虑使用 PNG8 格式，避免使用 JPEG 格式。
- 图像颜色丰富且图片文件不太大的（40KB 以下）或有半透明效果的优先考虑 PNG24 格式。
- 图像颜色丰富且文件比较大的（40KB～200KB）优先考虑 JPEG 格式。

十二、HTML 标签的使用应该遵循标签的语义

下面是常见标签语义。

- p：段落
- h1，h2，h3，h4，h5，h6：层级标题
- strong,em：强调
- ins：插入
- del：删除
- abbr：缩写
- code：代码标识
- cite：引述来源作品的标题
- q：引用
- blockquote：一段或长篇引用
- ul：无序列表
- ol：有序列表
- dl,dt,dd：定义列表

推荐：

```
<p>Esprima serves as an important <strong>building block</strong> for some
JavaScript language tools.</p>
```

不推荐：

```
<div>Esprima serves as an important <span class="strong">building block</span> for some JavaScript
```

HTML5+CSS3

一、代码格式化

推荐：

```
.example {
    display: block;
    width: 50px;
}
```

不推荐：

```
. example{ display: block;width: 50px;}
```

二、代码大小写

样式选择器、属性名、属性值关键字全部使用小写字母，类名可用 '-' 隔开，属性字符串允许使用大小写。

推荐：

```
.example {
    display:block;
}
.example -html {
    display:block;
}
```

不推荐：

```
.example {
    DISPLAY:BLOCK;
}
.example Html {
    DISPLAY:BLOCK;
}
```

三、选择器

不使用 ID 选择器。

不使用无具体语义定义的标签选择器。

推荐：

```
.example {}
.example li {}
.example li p{}
```

不推荐：

```
#example {}
.example div{}
```

四、代码易读性

左括号与类名之间有一个空格，冒号与属性值之间有一个空格，末尾加分号。

推荐：

```
.example {
    width: 100%;
}
```

不推荐：

```
.example{
    width:100%;
}
```

五、逗号分隔的取值，逗号之后有一个空格

推荐：

```
.example {
    box-shadow: 1px 1px 1px #333, 2px 2px 2px #ccc;
}
```

不推荐：

```
.example {
    box-shadow: 1px 1px 1px #333,2px 2px 2px #ccc;
}
```

六、为单个 css 选择器或新申明开启新行

推荐：

```
.example,
.example_logo,
.example_hd {
    color: #ff0;
}
.nav{
    color: #fff;
}
```

不推荐：

```
.example,example_logo,.example_hd {
    color: #ff0;
}.nav{
    color: #fff;
}
```

七、属性书写顺序

建议遵循以下顺序。

（1）定位：position、z-index、left、right、top、bottom、clip 等。

（2）自身属性：width、height、min-height、max-height、min-width、max-width 等。

（3）文字样式：color、font-size、letter-spacing，color、text-align 等。

（4）背景：background、background-image、background-color 等。

（5）文本属性：background、background-image、background-color、background-size 等。

（6）CSS3 中属性：content、box-shadow、animation、border-radius、transform 等。

推荐：

```
.example {
z-index:-1;
display:inline-block;
font-size:16px;
color: red;
background-color: #eee;
}
```

不推荐：

```
.example {
color: red;
background-color: #eee;
display:inline-block;
z-index: -1;
font-size:16px;
}
```

八、去掉小数点前的"0"

推荐：

```
.example{
font-size:.8em;
}
```

不推荐：

```
.example{
font-size:0.8em;
}
```

九、属性

属性定义必须另起一行，若只有一行属性，可以不换行。

推荐：

```
.selector {
margin: 0;
padding: 0;
}
.selector2 { margin: 0; }
```

不推荐：

```
.selector { margin: 0; padding: 0; }
```

属性定义后必须以分号结尾。

推荐：

```
.selector {
margin: 0;
}
```

不推荐：

```
.selector {
margin: 0
}
```

在可以使用缩写的情况下，尽量使用属性缩写。

推荐：

```
.post{
font: 12px/1.5 arial, sans-serif;
}
```

不推荐

```
.post {
font-family: arial, sans-serif;
font-size: 12px;
line-height: 1.5;
}
```

十、值和单位

（1）文本。文本内容必须用双引号包围。文本类型的内容可能在选择器、属性值等内容中。

推荐：

```
html[lang|="zh"] .panel:before {
  font-family: "Microsoft YaHei", sans-serif;
  content: " "";
}
```

```
html[lang|="zh"] .panel:after {
  font-family: "Microsoft YaHei", sans-serif;
  content: "" ";
}
```

不推荐:

```
html[lang|='zh'] .panel:before {
  font-family: 'Microsoft YaHei', sans-serif;
  content: ' "';
}
html[lang|=zh] .panel:after {
  font-family: "Microsoft YaHei", sans-serif;
  content: "" ";
}
```

（2）长度。长度为 0 时须省略单位。

推荐:

```
body {
  padding: 0 5px;
}
```

不推荐:

```
body {
  padding: 0px 5px;
}
```

（3）颜色。颜色值不允许使用命名色值。

推荐:

```
.success {
  color: #90ee90;
}
```

不推荐:

```
.success {
  color: lightgreen;
}
```

颜色值可以缩写时，尽量使用缩写形式。

推荐:

```
.success {
  background-color: #aca;
}
```

不推荐：

```
.success {
  background-color: #aaccaa;
}
```

颜色值中的英文字符推荐采用小写，同一项目内保持大小写一致。

推荐：

```
.success {
  background-color: #aca;
  color: #90ee90;
}
```

推荐：

```
.success {
  background-color: #ACA;
  color: #90EE90;
}
```

不推荐：

```
.success {
  background-color: #ACA;
  color: #90ee90;
}
```

十一、前缀属性

带私有前缀的属性由长到短排列，按冒号位置对齐。

标准属性放在最后，按冒号对齐方便阅读，也便于在编辑器内进行多行编辑。

推荐：

```
.box {
  -webkit-box-sizing: border-box;
     -moz-box-sizing: border-box;
          box-sizing: border-box;
}
```

不推荐：

```
.box {
  -webkit-box-sizing: border-box;
  -moz-box-sizing: border-box;
  box-sizing: border-box;
}
```

十二、命名推荐表

（1）功能。

语义	命名	简写
清除浮动	clearboth	cb
左浮动	floatleft	fl
内联	inline-block	ib
文本居中	text-align:center	tac
垂直居中	vertial-align:middle	vam
溢出隐藏	overflow-hidden	oh
完全消失	display-none	dn
字体大小	font-size	fz
字体粗细	font-weight	fw

（2）状态。

语义	命名	简写
选中	selected	sel
当前	current	crt
显示	show	show
隐藏	hide	hide
打开	open	open
关闭	close	close
出错	error	err

HTML5+CSS3

（全卷：100分　答题时间：120分钟）

得分	评卷人

一、选择题（每题2分，共15小题，共计30分）

1. 在以下的选项中，哪个是正确引用外部样式表的方法（　　　）。

A. <stylesrc="mystyle.css">

B. <linkrel="stylesheet"type="text/css"href="mystyle.css">

C. <stylesheet>mystyle.css</stylesheet>

D<ahref="mystyle.css">/a>

2. 下面关于外部样式表的说法错误的是（　　　）。

A. 文件扩展名为 .cs

B. 外部样式表内容不需要使用<style>标签

C. 使用<link>标签引入外部样式

D. 使用外部样式表可以使网站更加简洁，风格保持统一

3. background-position:是（　　　）属性。

A. 入式表　　　　　　B. 字体风格　　　　　　C. 背景位置　　　　　　D. 首行缩进

4. 下面代码的运行结果，说法正确的是（　　　）。

```
<ul>
<li>苹果</li>
<li>香蕉</li>
<li>桃子</li>
</ul>
```

A. 是有序列表　　　　B. 是无序列表　　　　C. 定义列表　　　　D. 都不正确

5. 下面是标题标签的是（　　　）。

A. <font>　　　　　　B. <p>　　　　　　C. <h1>　　　　　　D. <span>

6. 定义表头的HTML标签是（　　　）。

A. <table>　　　　　B. <td>　　　　　C. <tr>　　　　　D. <th>

7. 要将插入的图片大小设为宽50像素，高为100像素，正确代码为（　　　）。

A. <img src="images/banner3.jpg" width="50"height="100"/>

B. <imgsrc="images/banner3.jpg"width="100"height="50"/>

C. <imgsrc="images/banner3.jpg"width:50，height:100/>

D. <imgsrc="images/banner3.jpg"width:100，height:50/>

8. 设置表格边框为0的HTML代码是（　　　）。

A. <table Cellspacing=0>　　　　　　　　B. <tablecellspacing="O">

C. <tableborder=0>　　　　　　　　　　D. <table Cellpadding=0>

9. 要建立一个输入单行文字的文本框，下面代码正确的是（　　　）。

A. \<input\>　　　　　　　　　　　　　　B. \<input type="text"\>

C. \<input type="radio"\>　　　　　　　　D. \<input type="password"\>

10. 要输出密码域，type 属性的属性值应该等于（　　　）。

A. password　　　　　B. radio　　　　　C. text　　　　　D. image

11. 以下不是图片基本格式的是（　　　）

A. GIF　　　　　　B. JPEG　　　　　C. PNG　　　　　D. TXT

12. 下面运用了类选择器的是（　　　）。

A. A{color:red;}　　　B. .red{color:red;}　　　C. #red{color:red;}　　　D. [att=red]{color:red;}

13. 鼠标滑过时令文本变色，应用到的是（　　　）伪类选择器。

A. link　　　　　　B. visited　　　　　C. hover　　　　　D. Active

14. \<td\>是（　　　）标签。

A. 定义表格单元　　　B. 定义表格　　　C. 定义表格标题　　　D. 定义表格的行

15. 下列不属于浮动元素特征的是（　　　）。

A. 浮动元素会被自动地设置为块状元素显示

B. 浮动元素在垂直方向上与未被定义为浮动时的位置一样

C. 浮动元素在水平方向上，它将最大限度地靠近其父级元素边缘

D. 浮动元素有可能会脱离包含元素之外

得分	评卷人

二、多项选择题（每题 3 分，共 5 小题，共计 15 分）

1. 在 HTML 中，以下关于 CSS 样式中文本属性的说法，正确的是（　　　）。

A. font-size 用于设置文本字体的大小

B. font-family 用于设置文本的字体类型

C. color 用于设置文本的颜色

D. text-align 用于设置文本的字体形状

2. 在 HTML 中，下列 CSS 属性中属于盒子属性的是（　　　）。

A. border　　　　　B. padding　　　　　C. float　　　　　D. margin

3. 边框的样式可以包含的值包括（　　　）。

A. 粗细　　　　　　B. 颜色　　　　　C. 样式　　　　　D. 长短

4. 以下选项中，属于 text-align 属性取值的是（　　　）。

A. left　　　　　　B. right　　　　　C. center　　　　　D. middle

5. 以下表单控件中，不是由 input 标签创建的为（　　　）。

A. 单选框　　　　　B. 文本域　　　　　C. 下拉列表　　　　　D. 提交按钮

得分	评卷人

三、判断题（每题1分，共15小题，共计15分）

1. 所有的HTML标签都包括开始标签和结束标签。 （　　）

2. title标签通常位于head标签之间。 （　　）

3. 用h1标签修饰的文字通常比用h6标签修饰的要小。 （　　）

4. b标签表示用粗体显示所包括的文字。 （　　）

5. CSS中的color属性用于设置HTML元素的背景颜色。 （　　）

6. 一个网页中只能包含一个表单。 （　　）

7. 在HTML表格中，表格的行数等于tr标签的个数。 （　　）

8. CSS规则通过继承属性只能应用于单个标签。 （　　）

9. 在CSS盒模型中，width和height指的是内容区域的宽度和高度。 （　　）

10. 使用transition属性设置过渡效果时，需要指定设置过渡效果的另外一个CSS属性。 （　　）

11. 在HTML中，标签都必须成对出现。 （　　）

12. CSS样式只能通过外部导入并链接到网页才能有效果。 （　　）

13. 在HTML中，<td>标签表示换行。 （　　）

14. 在HTML中，要定义一个空链接使用<a href="#"></a>。 （　　）

15. 若某网页背景颜色设置为#000000，则背景的颜色为黑色。 （　　）

得分	评卷人

四、填空题（每题2分，共15小题，共计30分）

1. head标签应位于_____标签之间。

2. 要使文字显示为粗体，应使用的标签是_____。

3. 要使网页中所有的超链接都不显示下划线，样式表项应为_____。

4. CSS中ID选择符在定义的前面要有指示符_____。

5. 要设置文本的颜色，应使用的CSS属性是_____。

6. 如果要给段落p设置2个汉字的首行缩进，相应的样式表项应该是_____。

7. 要在HTML标签中直接嵌入样式，应使用标签的_____属性。

8. 在网页中插入图像时，其中显示图像的属性是_____。

9. 要创建一个单选按钮，应将input标签的type属性指定为_____。

10. CSS定位属性position的取值包括static、relative、_____和fixed。

11. 可用_____标签定义段落。

12. CSS为超链接文本建立了4个伪类选择器：_____为尚未链接的超链接文本样式，_____为已链接的超链接文本样式，_____为鼠标移到超链接文本上方的样式，_____为在超链接文本上的鼠标的样式。

13. 用来输入密码的表单域是 _____。

14. 文件头标签包括 _____、描述、_____、基础和链接等。

15. 要生成水平线，可用 _____ 标签。

得分	评卷人

五、简答题（每题 5 分，共 2 小题，共计 10 分）

1. 用 HTML 标记语言编写一个简单的网页，网页最基本的结构是什么？

2. 字体间距为 0.5 倍间距、水平左对齐、垂直顶端对齐、有下划线，怎么定义？